钒钛概论

邹建新　彭富昌　编著

北　京
冶金工业出版社
2019

内 容 提 要

本书包括钒钛基础知识、钒钛资源与产业、钒钛常用术语、主流钒钛产品的生产工艺和设备、钒钛材料新技术以及钒钛产品的应用等内容。

本书适合广大钒钛从业人员阅读，可作为钒钛企业管理人员和营销人员、政府机关工作人员、投资商、在校学生以及钒钛相关配套行业工作人员的参考书。

图书在版编目(CIP)数据

钒钛概论/邹建新，彭富昌编著．—北京：冶金工业出版社，2019. 1
ISBN 978-7-5024-7840-7

Ⅰ.①钒…　Ⅱ.①邹…　②彭…　Ⅲ.①钒—金属材料—基本知识　②钛—金属材料—基本知识
Ⅳ.①TG146. 23　②TG146. 4

中国版本图书馆 CIP 数据核字（2018）第 209576 号

出 版 人　谭学余
地　　址　北京市东城区嵩祝院北巷 39 号　邮编　100009　电话　(010)64027926
网　　址　www.cnmip.com.cn　电子信箱　yjcbs@ cnmip. com. cn
责任编辑　刘小峰　美术编辑　郑小利　版式设计　孙跃红
责任校对　李　娜　责任印制　李玉山
ISBN 978-7-5024-7840-7
冶金工业出版社出版发行；各地新华书店经销；三河市双峰印刷装订有限公司印刷
2019 年 1 月第 1 版，2019 年 1 月第 1 次印刷
148mm×210mm；3. 75 印张；152 千字；112 页
39. 00 元

冶金工业出版社　投稿电话　(010)64027932　投稿信箱　tougao@cnmip. com. cn
冶金工业出版社营销中心　电话　(010)64044283　传真　(010)64027893
冶金工业出版社天猫旗舰店　yjgycbs. tmall. com

前　言

钛资源被开采并深加工成钛白粉和钛合金材等产品，广泛应用于航空航天和涂料等领域；钒资源被开采并深加工成合金添加剂和催化剂等产品，广泛应用于钢铁冶金和化工等领域。钒钛不仅是我国重要的战略资源，也是应用广泛的民用产品。

我国钒钛资源非常丰富，已探明钛资源储量（以 TiO_2 计）7.2 亿吨，约占世界总储量的 1/3；钒资源储量（以 V_2O_5 计）4290 万吨，约占世界总储量的 21%。钒钛资源主要以钒钛磁铁矿、钛铁矿和石煤等形式存在。攀枝花—西昌地区和承德地区是我国主要的钒钛磁铁矿产区，钛铁矿广泛分布在云南、两广及海南等地。钛精矿产地主要集中于攀西和云南等地，澳大利亚等已成为我国重要的钛矿进口国。钛白粉产地主要集中在攀西、沿海地区和云南。海绵钛生产分布于全国各地。钛合金材主要集中在宝鸡，钒产品主要集中在攀西。2008 年，攀枝花市被自然资源部（中国矿业联合会）授予“中国钒钛之都”称号，宝鸡也素有“中国钛谷”的美誉。2013 年，国家发展和改革委员会发文成立“攀西战略资源创新开发试验区”。

随着航空航天、海洋、汽车、石油化工等领域对钛（合金）材的需求增加，以及民生改善对钛白粉和高强度钢的需求增强，钒钛产业呈现出欣欣向荣的局面。考虑到广大钒钛从业人员对产业信息和技术的需求，而国内钒钛图书大多适合钒钛专业人员的学术交流和技术交流，难以满足企业管理人员和营销人员、政府机关工作人员、在校学生以及钒钛相关配套行业的读者对钒钛基础知识的需要，作者收集整理生产、科研、教学和专家咨询中积累的经验和资料，特编写了这本科普图书。

本书包括钒钛基础知识、钒钛资源与产业、钒钛常用术语、主流钒钛产品的生产工艺和设备、钒钛材料新技术以及钒钛产品的应用等内容，编撰过程中力求做到通俗易懂，基本能满足普通钒钛从业人员的需求。

本书编排以产品为主线，以工序的先后为序。考虑到钛产品在 GDP 中的比例远较钒产品大，以及钛的重要战略地位，本书将钛排列于前，而钒排列于后，但在称谓上仍然遵照传统的先钒后钛的习惯。

由于水平所限，书中不妥之处，恳请专家和读者不吝赐教、批评指正。

邹建新　彭富昌

e-mail：cnzoujx@ sina. com

目　录

1 钒 和 钛

1.1 钒钛元素

钛是一种金属元素，化学符号 Ti，原子序数 22，原子量 47.867。1791 年，英格兰业余矿物学家格雷戈尔发现了钛铁矿中的钛；1795 年，德国化学家克拉普罗特发现了金红石中的钛。

钒也是一种金属元素，化学符号 V，原子序数 23，原子量 50.941。1801 年，钒元素首先由墨西哥城的矿物学教授德尔·里奥发现，但当时没有被人们公认。1831 年，瑞典化学家塞夫斯特伦再次发现钒。

V 与 Ti 在元素周期表中位于第 4 周期，分属第ⅣB 族、第ⅤB 族，如图 1-1 所示。

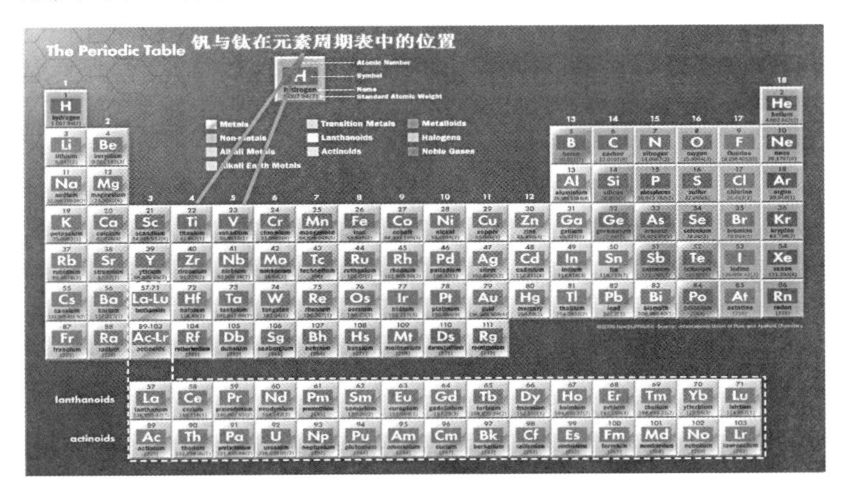

图 1-1 钒与钛在元素周期表中的位置

1.2 金属钛

钛有两种同素异构晶形，低于882.5℃为α晶形，呈密排六方晶格；高于882.5℃为稳定的β晶形，呈体心立方晶格。

物理性质

金属钛（海绵钛）为银灰色金属。

钛的密度为4.506~4.516g/cm^3（20℃）。

熔点为1668±4℃，熔化潜热为15.48~20.92kJ/mol。沸点为3260±20℃，气化潜热为428.86~470.70kJ/mol。临界温度4350℃，临界压力11.3MPa（1130atm）。

钛的导热性和导电性能较差，近似或略低于不锈钢。钛具有超导性，纯钛的超导临界温度为0.38~0.4K。在25℃时，钛的热容为0.527J/(mol·K)，热焓为4807.4J/mol，熵为30.67J/(mol·K)。金属钛是顺磁性物质，磁导率为1.00004。

钛具有可塑性，高纯钛的延伸率可达50%~60%，断面收缩率可达70%~80%，但强度低，不宜作结构材料。钛作为结构材料所具有的良好机械性能，是通过严格控制其中适当的杂质含量和添加合金元素而达到的。

化学性质

钛在较高的温度下，可与许多元素和化合物发生反应，包括HF和氟化物、HCl和氯化物、硫酸和硫化氢、硝酸和王水等。

1.3 二氧化钛

TiO_2（钛白）是一种白色粉末。TiO_2在自然界中存在三种同素异形态，即金红石型、锐钛型和板钛型。

TiO_2 主要物理性能

密度： 金红石型 4.261g/cm^3(0℃)，4.216g/cm^3(25℃)；锐钛型 3.881g/cm^3（0℃），3.894g/cm^3（25℃）；板钛型 4.135g/cm^3(0℃)，4.105g/cm^3(25℃)。

熔点： 金红石型 1842±6℃，熔化热 811J/g。沸点：金红石型 2670±6℃，气化热 3762±313J/g。

化学性质： TiO_2 是两性化合物，是一种十分稳定的化合物，它在许多无机和有机介质中都有很好的稳定性，它不溶于水和许多其他溶剂。TiO_2 可溶于热的浓硫酸、硝酸和苛性碱中。

工业上 TiO_2 多数由偏钛酸煅烧而成：$H_2TiO_3 = TiO_2 + H_2O$。工业上生产钛白的方法有硫酸法和氯化法。

钛白是当今最佳白色颜料，它的光学和颜料性能都优于其他白色颜料。

钛白的颜料性质

（1）白度。白度表示物质对可见光吸收与反射两部分之比。相对白度是波长和粒度的函数。晶体结构完美的，对可见光具有很轻的吸收作用和很高的散射能力，即在可见光内晶体发生等幅散射，因而呈现白色。TiO_2的折射率高于其他物质，因此在各种白色颜料中以钛白最白。

影响钛白白度的因素主要有钛白中杂质的种类和数量、晶型和颗粒形状、粒度和粒度分布。

（2）消色力。消色力是指该颜料和另一种颜料混合后，所给予另一种颜料的消色能力。TiO_2 的折射率最大，因而它在白色颜料中，消色力也最高。消色力除与颜料的折射率有关外，还与它的粒度和粒度分布有关。当钛白颗粒的平均直径在 0.2~0.3μm 范围内，且粒度分布宽度狭窄时，对可见光蓝波段的散射能力增强，着色底相呈现柔和蓝相。

（3）遮盖力。遮盖力是指颜料能遮盖被涂物体表面底色的能力。颜料遮盖力的大小不仅取决于它的晶型、对光的折射率和散射能力，而且还取决于对光的吸收能力。二氧化钛属遮盖性颜料，因为它有明显的晶体结构和优异的光学性质，所以在白色颜料中，TiO_2 的遮盖力最大。

（4）吸油量。吸油量是表示颜料粉末与展色剂相互关系的一种物理数值。它不仅说明了颜料粉末与展色剂之间的混合比例、湿润程度、分散性能，也关系到涂料的配方和成膜后的各种物性。在某些水性涂料、水分散型二氧化钛颜料中，吸油量也称作吸水量。

（5）分散性。钛白粉的分散性是它的极其重要的性质。二氧化钛具有亲水疏油的性质，它在合成树脂有机体系中的分散性不良，需要经过表面处理，以提高它的分散性。

为了提高钛白粉在高分子介质中的分散性，必要时还需进行有机包膜处理，以使它具有亲有机物的表面。即在钛白颗粒表面建立高分子吸附层形成空间屏障，使颜料粒子彼此无法靠近，以提高其分散性。

（6）耐候性。对二氧化钛而言，耐候性是指含有二氧化钛颜料的有机介质（如涂膜）暴露在日光下，抵抗大气的作用，避免发生黄变、失光和粉化的能力。耐候性主要取决于颜料的光学性质和化学组成，也与暴露在自然光下的条件有关（如光的强度、光谱分布、温度、相对湿度及大气污染物的性质和数量等）。

1.4 金属钒

钒是一种银灰色的金属。熔点为 1890±10℃，属于高熔点稀有金属之列；沸点为 3380℃。纯钒质地坚硬，无磁性，具有良好的延展性和可锻性，在常温下可制成片、丝和箔，但若含有少量的杂质，尤其是氮、氧、氢等，可塑性将显著降低。晶体结构中，晶胞为体心立方晶胞，每个晶胞含有两个金属原子。

钒属于中等活泼的金属，化合价有+2、+3、+4 和+5。其中，以 5 价态为最稳定，其次是 4 价态。5 价钒的化合物具有氧化性能，低价钒则具有还原性。钒的价态越低还原性越强。电离能为 6.74eV，具有耐盐酸和硫酸的本领，并且在耐气、耐盐、耐水腐蚀的性能要比大多数不锈钢好。钒在空气中不被氧化，可溶于氢氟酸、硝酸和王水。

钒能与氧结合，形成一氧化钒、三氧化二钒、二氧化钒和五氧化二钒等四种氧化物。高温下，金属钒很容易与氧和氮反应。当金属钒在空气中加热时，钒氧化成棕黑色的三氧化二钒、深蓝色的四氧化二钒，并最终成为橘黄色的五氧化二钒。

1.5 五氧化二钒

V_2O_5 是一种无味、无嗅、有毒的橙黄色或红棕色的粉末，微溶于水（约 0.07g/L），溶液呈微黄色。

V_2O_5 大约在 670℃熔融，冷却时结晶成黑紫色正交晶系的针状晶体。

V_2O_5 是两性氧化物，与 Na_2CO_3 一起共熔得到不同的可溶性钒酸钠。

$$V_2O_5 + 3Na_2CO_3 \longrightarrow 2Na_3VO_4 + 3CO_2$$

$$V_2O_5 + 2Na_2CO_3 \longrightarrow Na_4V_2O_7 + 2CO_2$$

$$V_2O_5 + Na_2CO_3 \longrightarrow 2NaVO_3 + CO_2$$

因为在 V_2O_5 晶格中比较稳定地存在着脱除氧原子而得的阴离子空穴，所以在 700~1125℃范围内可逆地失去氧，这种现象可解释为 V_2O_5 的催化性质，使 V_2O_5 能用作催化剂。

$$2V_2O_5 \rightleftharpoons 2V_2O_4 + O_2$$

V_2O_5 可用偏钒酸铵在空气中于 500℃左右分解制得。

V_2O_5 是最重要的钒氧化物，工业上用量最大。工业五氧化二钒的生产，用含钒矿石、钒渣、含碳的油灰渣等提取，制得粉状或片状五氧化二钒。它大量作为制取钒合金的原料，少量作为催化剂。

1.6 钛的发展史

1791 年，英格兰业余矿物学家格雷戈尔发现了钛元素。

1795 年，德国化学家克拉普罗特在金红石中又发现了钛元素，并以希腊神 Titans 命名为 Titanium。

1910 年，美国科学家亨特（Hunter）在钢瓶内用钠还原 $TiCl_4$ 制取了纯钛。

1940 年，卢森堡科学家克劳尔（Kroll），在氩气保护下，用镁还原 $TiCl_4$制取了金属钛。

1948 年，美国用镁法开始工业化生产金属钛（2 吨海绵钛），开创了世界海绵钛生产的先河。

1954 年，北京有色金属研究所开始从热河大庙钛铁精矿中提取钛研究。1956 年，与北京有色金属设计院共同设计年产 60～100 吨海绵钛的试验工厂。采用的流程为：电炉脱铁炼高钛渣—制团竖炉氯化—收尘、淋洗、蒸馏分馏、精制四氯化钛—镁热还原—真空蒸馏—海绵钛。此流程奠定了以后工业生产流程基础。

1958 年，抚顺铝厂的海绵钛生产车间（即前述 60 吨规模海绵钛实验厂）开始试车，1959 年 6 月投产，1964～1965 年期间初步解决了海绵钛质量问题。

50 年代，在上海万茂冶炼厂进行镁热还原法制取海绵钛试验，并在研究基础上，设计建设上海第二冶炼厂（901 厂）的海绵钛车间，于 1966 年投产。

1964 年，遵义钛厂开始筹建，它是我国规模最大、流程最完善的专业海绵钛厂。但因受“十年动乱”的影响，迟至 1969 年 9 月才投产，1970 年 9 月才生产出第一炉海绵钛。

1965 年，我国开始研究开发高钛渣的沸腾氯化技术。当时世界上采取沸腾氯化制四氯化钛的生产所用原料，都是含二氧化钛在 95%以上的金红石。而氯化含二氧化钛较低（约 80%）、含杂质较高的高钛渣的氯化设备，不是竖炉（如苏联、日本）就是熔融盐氯化炉（如苏联）。将沸腾氯化用在氯化高钛渣的生产上，是自我国开始的。首先在邢台，继之在天津、抚顺和上海，最后推广到遵义钛厂。

60 年代，我国开始建设百吨级硫酸法钛白粉厂，开启了国内大规模生产钛白粉的先河。

80 年代，在进行攀枝花资源综合利用大攻关过程中，我国科研人员成功地将此工艺用于含镁钙高的攀枝花高钛渣氯化。当然相应的沸腾氯化炉是经过改造的，应该说，将高钛渣的沸腾氯化用于工业上，我国在国际上居于领先地位。

这一时期，我国还曾继续开发用电解四氯化钛制取海绵钛的方法，先后从 620A、1000A、2000A、6000A 直做到 12000A 电解槽规模，并都得到合格率在 85%以上的海绵钛产品。但因电流效率低（50%）、电耗高（>4 万千瓦时），不适用于生产，而停止进行。

在钛的合金材加工方面，这一时期最大的成就是建成了宝鸡有色金属加工厂和宝鸡有色金属研究所（现名西北有色金属研究院）。后者是我国第一个专门研制生产稀有金属材料的单位。

在这时期，国内从事稀有金属材料研究的单位还有科学院系统的沈阳金属研究所、上海冶金所，冶金系统的上海钢铁研究所、上海有色金属研究所，三机部的六院六所。工厂除苏家屯加工厂、宝鸡加工厂外，还有抚顺钢厂、上钢三厂和上钢五厂，这些单位都为发展我国钛工业做出了积极的贡献。

1978 年开始，我国钛工业与整个国民经济的发展一同成长。

在攀枝花资源综合利用攻关的带动下，除解决了攀西地区原生钛铁矿的氯化工艺外，还系统地完善了整个钛生产工艺。首先，确定了攀枝花选钛工艺，建成攀枝花选钛厂，年产规模从 5 万吨扩大为 10 万吨，继而进一步发展；其次，掌握了自攀枝花钛精矿制取富钛料的两种工艺，即电炉高钛渣法和盐酸法制取金红石法，都达到了工业规模。

1994 年，攀枝花建成了全市第一座年产 4000 吨硫酸法钛白厂。

2008 年，攀枝花地区被自然资源部授予“中国钒钛之都”称号。

2013 年，国家发改委设立攀西战略资源创新开发试验区。

2015 年，攀枝花大江钒钛公司通过引进、消化乌克兰技术，创新研发成功了国内首套钛（合金）锭电子束熔炼炉（EB 炉）。

2017 年，攀钢集团针对高钛型高炉渣，利用高温碳化—低温氯化技术生产四氯化钛实现了产业化。

2018 年，我国已经建成了 5 座氯化法钛白粉厂，分别是中信锦州钛业、攀钢钒钛、龙蟒佰利联、云南新立和漯河兴茂公司。

1.7 钒的发展史

1801年和1831年，墨西哥矿物学家德尔·里奥和瑞典化学家尼尔斯·格·塞夫斯特伦分别发现了钒元素，并以希腊神话中女神娃娜迪斯（Vanadis）的名字命名为钒（Vanadium）。

1867年，英国化学家罗斯科（H. E. Roscoe）用氢还原氯化钒（VCl_3），首次制得金属钒。他在1869~1871年间发表了一系列论文，为钒化学奠定了一定的基础。同时，他在研究英国西部的铜矿时，制备了V_2O_5、V_2O_3、VO、$VOCl_3$、$VOCl_2$和VOCl等钒化合物。

19世纪末，研究发现了钒在钢中能显著改善钢材的机械性能后，钒在工业上才得到广泛应用。

19世纪末20世纪初，俄罗斯开始利用碳还原法还原铁和钒氧化物首次制造出钒铁合金（含V 35%~40%）。1902~1903年，俄罗斯进行了铝热法制取钒铁的试验。

直到1927年，美国的马尔登（J. W. Marden）和赖奇（M. N. Rich）用金属钙还原五氧化二钒（V_2O_5），才第一次制得了含钒99.3%~99.8%的可锻性金属钒。

20世纪30年代，我国地质学家常隆庆等人发现攀枝花地区蕴藏有大量钒钛磁铁矿。

1937年，发现承德大庙铁矿中含有钒。

1942年，日本帝国主义为了掠夺中国的钒资源，在锦州建立了“制铁所”生产钒铁。

1955年，西南地质局531地质勘探队对攀枝花钒钛磁铁矿进行了详细勘探。在进行地质勘探的同时，1956年起我国进行了矿石选矿的可行性研究。

1955年，发现马鞍山磁铁矿中含有钒。

1958年，恢复锦州铁合金厂，利用承德含钒铁精矿为原料，于1958年9月4日沉淀出第一罐V_2O_5，10月20日炼出了新中国第一炉钒铁（含V 35%）。

1958 年 9 月，提交攀枝花矿的勘探报告。冶金部在西昌成立西昌钢铁公司，以后分别进行了 $0.5m^3$、$1m^3$、$11m^3$、$28m^3$ 高炉炼铁试验。

1958 年，马钢 1 吨侧吹提钒转炉进行吹钒试验；承钢进行侧吹转炉提取钒渣试验；锦州铁合金厂研制出金属钒。

1960 年，建成上海第二冶炼厂提钒车间，生产 V_2O_5。

1963 年，东北工学院炼铁教研室成功地主持了在马鞍山钢铁厂高炉上进行的承德钒钛磁铁矿冶炼的工业试验，取得初步成功。

1965 年，先后在马钢建成 8 吨、在承钢建成 10 吨侧吹提钒转炉生产钒渣，从此结束了我国用钒精矿生产 V_2O_5 的历史。但是钒的供应满足不了我国工业需要，每年还要进口 V_2O_5 或钒铁。

1964 年，冶金部组织 10 多个单位百余人参加的高炉冶炼攀枝花矿的试验组。

1965 年，在承钢 $100m^3$ 高炉冶炼钒钛磁铁矿试验成功。

1967 年，在首钢 $516m^3$ 高炉炼铁、30 吨氧气顶吹转炉双联法提钒炼钢，直到轧材联动试验成功，制得钒渣在锦州铁合金厂生产出 V_2O_5 和钒铁。

1970 年 7 月，攀钢组成雾化提钒试验组，到 1973 年先后建成三座 60 吨雾化提钒试验炉。到 1978 年，共生产雾化钒渣 6 万吨。与此同时，建成了峨眉铁合金厂和南京铁合金厂钒车间，生产 V_2O_5 和钒铁。

1972 年，锦州铁合金厂可生产 99.9%品位的金属钒。

1978 年，在攀钢建成雾化提钒车间，有两座 120 吨雾化提钒炉，进行钒渣生产。

1979 年，锦州铁合金厂开发了品位 55%~60%的钒铁和含钒 40%~80%的钒铝合金。

1980 年，开始出口钒渣（3208t）、V_2O_5（1041t）、钒铁（1882t），从此中国从钒进口国变为钒出口国。

1987 年，承钢和马钢对原有提钒转炉进行扩建到 20 吨转炉，年产钒渣都可达到 2 万吨以上。

1980~1985 年间，锦州铁合金厂开发了高钒铁、硅钒铁、碳化钒、氮化钒铁等炼钢钒合金添加剂。

1990 年，攀钢建成了年产 V_2O_5 2000 吨的生产车间。

1992 年，攀钢建成了用电铝热法冶炼高钒铁能力为 600 吨试验车间。

1993 年，攀钢引进了卢森堡电铝热法冶炼高钒铁设备，在北海建成了产能可达 1 万吨电铝热法生产铁合金的车间。高钒铁设计能力为年产 1300 吨。

1994 年，攀钢开发了用煤气还原多钒酸铵制取 V_2O_3 技术，在西昌分公司进行了半工业试验，取得成功并获得国家发明专利。

1995 年，攀钢将雾化提钒改为转炉提钒，建成了两座 120 吨设计能力 11 万吨/年钒渣的转炉提钒炉，并投产。

1998 年，攀钢从德国引进设备，建成了年产 2400 吨 V_2O_3 的车间。同时，进行了 V_2O_3 冶炼高钒铁的试验。西昌分公司建成年产 1200 吨 V_2O_5 生产车间。同时，攀钢钒渣产量达到并超过了设计能力，创下历史最高水平。

1998 年，攀钢与东北大学合作开发了氮化钒产品，并获得了国家发明专利。

1998 年，攀钢从德国引进设备（其中 V_2O_3 设备已卖给奥地利），建成年产 3350 吨 V_2O_3 的车间。以后又扩建使总 V_2O_3 生产能力达到了 5150 吨。

1998 年，中国工程物理研究院研制成功我国第一组 1kW 的全钒氧化还原电池样品。

1999 年，攀钢建成年产 60 吨氮化钒试验装置。

2000 年，攀钢开始进行二步法冶炼钒铝中间合金的试验。

2001 年，攀钢建成年产 100 吨氮化钒的试验生产装置。

2004 年，攀钢建成设计能力年产 200 吨氮化钒的生产车间，攀钢研究院又建成年产 300 吨的生产装置。

2009 年，攀枝花新高新技术产业园区又建设了一座氮化钒工厂，采用昆明理工大学专利技术。

2010 年，眉山市青神县建设了一座氮化钒工厂，采用了较先进的生产技术。

2013 年，四川省依托攀枝花学院、攀钢集团等单位建立四川省钒钛产业技术研究院。

2015 年，攀钢集团西昌钢钒公司首创了国内钙化提钒清洁生产技术。

2016 年，中国科学院大连化物所成功开发出高选择性、高导电性、低成本的非氟多孔离子传导膜，对全钒液流电池的发展具有长远的意义。

2017 年，国内首家经过 CNAS、CMA 二合一资质认证的国家钒钛检测重点实验室在攀枝花正式挂牌。

2018 年，国内首家国际钒钛学院、国际钒钛研究院在攀枝花挂牌成立，国内高等院校中攀枝花学院率先组建了二级院系——钒钛学院。

2 钒钛资源与产业

2.1 钒钛资源分类及储量

钛占地壳质量的 0.56%（钒只占 0.02%），在元素含量中排列第 9 位，在自然界基本上以共生矿存在，含钛矿物有 70 多种，包括钒钛磁铁矿、钛铁矿、金红石矿、板钛矿、白钛石等。其中，最重要的是钒钛磁铁矿与钛铁矿两种。金红石矿含钛量最高，但储量较低。钛矿按形成条件又分为岩矿和砂矿，砂矿主要分布在海滨地区；按晶型结构又分为锐钛型（A 型）、金红石型（R 型）、板钛矿型（B 型）三种，攀西钒钛磁铁矿属于锐钛型岩矿。钒钛磁铁矿和金红石如图 2-1 所示。

图 2-1　钒钛磁铁矿（左）和金红石（右）

钒占地壳质量的 0.02%，在自然界均以共生矿存在，含钒矿物有 70 多种。其中，最重要的是钒钛磁铁矿和石煤矿（钒云母）。

根据国家《钒钛资源综合利用和产业发展“十二五”规划》

《攀枝花钒钛矿资源潜力评价报告》等资料显示，我国钒资源主要赋存于钒钛磁铁矿和含钒石煤中。其中，钒钛磁铁矿中钒资源占总储量的53%，集中分布在四川攀西和河北承德地区；含钒石煤中钒资源占总储量的47%，主要分布在陕西、湖南、湖北、安徽、浙江、江西、贵州等地。我国钛资源主要赋存于钒钛磁铁矿、钛铁矿和金红石矿中。其中，钒钛磁铁矿中钛资源占总储量的95%；钛铁矿中钛资源占总储量的近5%，主要分布在云南、海南、广东、广西等地；金红石矿储量较少，主要分布在湖北、河南、山西等地。

攀枝花钒钛磁铁矿除含铁外，还共生钛，伴生钒、铬、钴、钪、镓等元素，均达到相应元素的特大型矿山储量。其中：

➢ 钛的潜在资源量为19.8亿吨（以 TiO_2 计，下同），探明资源储量约7.22亿吨，保有资源储量4.39亿吨，占全国储量的93%，为全球的32%，居世界第一位；

➢ 钒的潜在资源量为4463.8万吨（以 V_2O_5 计，下同），探明储量4290万吨，保有储量1020万吨，占全国储量的63%，居世界第三位；

➢ 伴生的铬、钴、钪、镓等元素，是国家重要的战略资源，均属海量。其中，铬（Cr_2O_3）保有储量为696万吨；钴（Co）保有储量为152万吨；钪保有储量为23万吨；镓（Ga）保有储量为21万吨，仅攀枝花、红格、白马三矿区伴生在表内矿中的镓储量就相当于55个大型镓矿床的储量。

2.2 钒钛磁铁矿

资源分布与储量

全球钒钛磁铁矿储量比较丰富，资源总量在400亿吨以上，较为集中地分布在少数几个国家，主要资源国为中国、俄罗斯、加拿大、南非、美国、巴西、芬兰、挪威等。

我国钒钛磁铁矿储量丰富，居世界第三位，主要分布于四川攀枝花、西昌地区和河北承德地区，还有部分零星分布于陕西汉中、湖北郧阳、襄阳、广东兴宁及山西代县等地区。承德钒钛磁铁矿目前资源量3.57亿吨（伴生V_2O_5 44.6万吨），超贫矿78.25亿吨，伴生V_2O_5 703万吨、TiO_2 1.28亿吨。西昌的钒钛磁铁矿在西昌太和镇、德昌县及会理县境内，拥有钒钛磁铁矿资源17.4亿吨，伴生TiO_2 8249.3万吨、V_2O_5 300.8万吨，其中西昌太和矿的钒钛磁铁矿资源量约14亿吨。西昌与攀枝花矿同属攀西矿带，属于高钛低钒型钒钛磁铁矿。攀枝花—西昌地区的铁储量占全国的20%，是仅次于鞍本地区的我国第二大铁矿区，其伴生的各种金属的储量也较大。

攀枝花拥有世界罕见的超大型复杂多金属伴生钒钛磁铁矿矿床，被誉为“富甲天下的聚宝盆”，全市已查明钒钛磁铁矿矿区（矿段）20个，其中大型以上13个，集中分布在白马、红格、攀枝花三个大矿区及米易县、盐边县境内的一些小矿区。攀枝花钒钛磁铁矿潜在资源量226.83亿吨，探明资源储量73.37亿吨，保有储量为66.67亿吨，其中铁资源储量占全国的20%。按现有保有储量计算，攀枝花钒钛磁铁矿经济价值约为3.4万亿元。[1]

攀西钒钛磁铁矿矿体如图2-2所示。

攀西重点钒钛磁铁矿、稀土、碲铋矿资源分布与储量如表2-1所示。

由于钒钛磁铁矿中富含铁、钒、钛、钴、铬、钪、镓、镍等多种有价金属元素，综合利用回收是资源型城市节约集约发展的必由之路。以攀西地区为例，钒钛磁铁矿综合利用原则工艺流程如图2-3所示。

---

[1] 1. 潜在资源量，是指区带勘探阶段，根据地质、物探等资料，对具有含矿石或油气远景的各种圈闭逐项类比统计，按照圈闭法预测所得到的资源量；

2. 探明储量，是指经过详细勘探，在目前和预期的当地经济条件下，可用现有技术开采的储量；

3. 保有储量，是指探明储量减去动用储量所剩余的储量，即探明的矿产储量，到统计上报之日为止，扣除出矿量和损失矿量，矿床还拥有的实际储量。

图 2-2 攀西钒钛磁铁矿矿体

表 2-1 攀西重点矿区钒钛磁铁矿、稀土、碲铋矿资源分布与储量

矿　区	保有资源储量（亿吨）	主要元素和平均地质品位
攀枝花矿区	11.91	TFe 30.64%，TiO_2 11.64%，V_2O_5 0.29%
红格矿区	36	TFe 27.5%，TiO_2 10.69%，V_2O_5 0.24%，Cr_2O_3 0.34%
白马矿区	17.6	TFe 26.62%，TiO_2 6.09%，V_2O_5 0.26%
太和矿区	17.18	TFe 30.31%，TiO_2 11.76%，V_2O_5 0.27%
其他中小型钒钛磁铁矿	14.66	TFe 27.8%，TiO_2 10.6%，V_2O_5 0.25%
攀西普通铁矿	4.83	TFe 30%~50%
德昌县大陆槽稀土矿	80 万吨	镧、镨、铈
冕宁县牦牛坪稀土矿	240 万吨	镧、镨、铈
石棉县大水沟碲铋矿	3.29 万吨	含碲一般在 1%~12%，最高达 36.6%；含铋一般在 3%~20%，最高达 40%

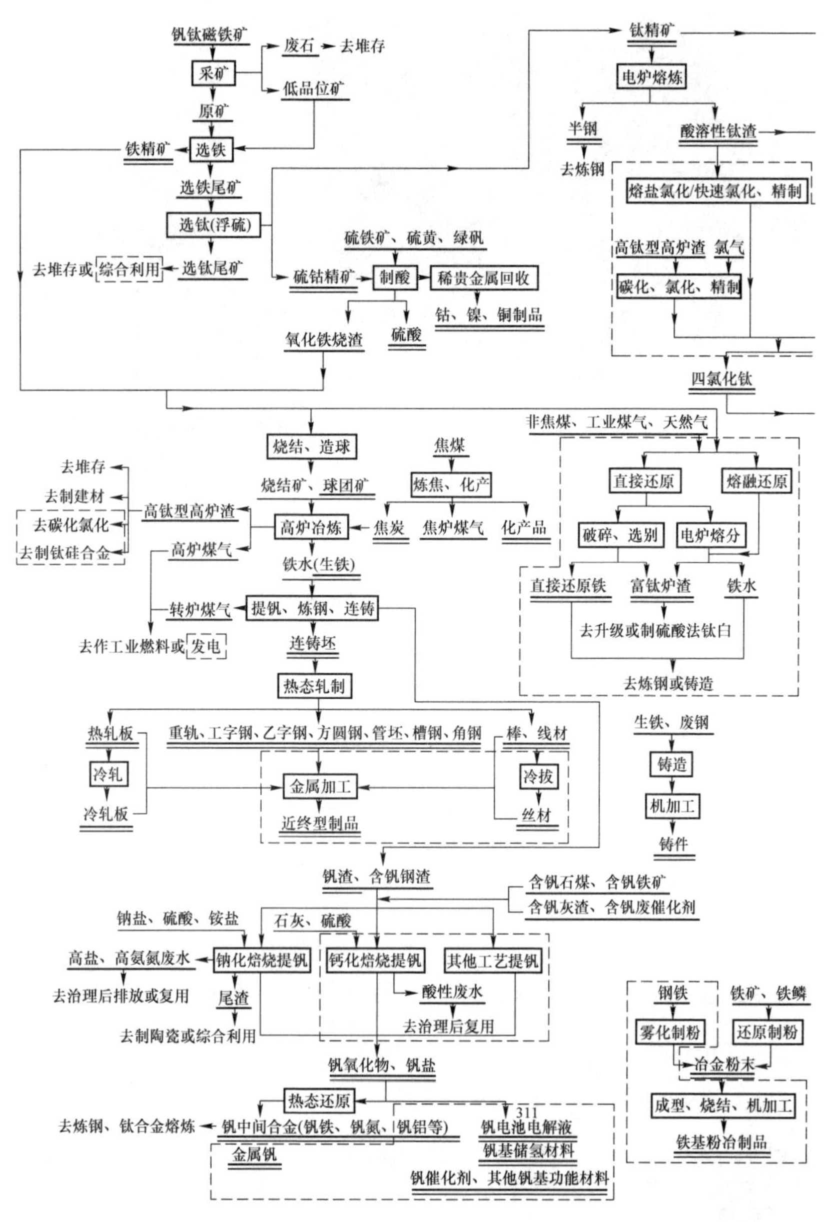

钒钛磁铁矿
采矿
废石
去堆存
低品位矿
原矿
选铁
铁精矿
选铁尾矿
选钛(浮硫)
去堆存或综合利用
选钛尾矿
硫钴精矿
硫铁矿、硫黄、绿矾
制酸
稀贵金属回收
钴、镍、铜制品
氧化铁烧渣
硫酸
钛精矿
电炉熔炼
半钢
去炼钢
酸溶性钛渣
熔盐氯化/快速氯化、精制
高钛型高炉渣
氯气
碳化、氯化、精制
四氯化钛
烧结、造球
焦煤
炼焦、化产
烧结矿、球团矿
去堆存
去制建材
去碳化氯化
去制钛硅合金
高钛型高炉渣
高炉冶炼
焦炭
焦炉煤气
化产品
高炉煤气
铁水(生铁)
转炉煤气
提钒、炼钢、连铸
去作工业燃料或发电
连铸坯
热态轧制
非焦煤、工业煤气、天然气
直接还原
熔融还原
破碎、选别
电炉熔分
直接还原铁
富钛炉渣
铁水
去升级或制硫酸法钛白
去炼钢或铸造
热轧板
重轨、工字钢、乙字钢、方圆钢、管坯、槽钢、角钢
棒、线材
冷轧
金属加工
冷拔
冷轧板
近终型制品
丝材
生铁、废钢
铸造
机加工
铸件
钒渣、含钒钢渣
含钒石煤、含钒铁矿
含钒灰渣、含钒废催化剂
钠盐、硫酸、铵盐
石灰、硫酸
高盐、高氨氮废水
钠化焙烧提钒
钙化焙烧提钒
其他工艺提钒
去治理后排放或复用
尾渣
酸性废水
去治理后复用
去制陶瓷或综合利用
钒氧化物、钒盐
热态还原
去炼钢、钛合金熔炼
钒中间合金(钒铁、钒氮、钒铝等)
钒电池电解液
钒基储氢材料
金属钒
钒催化剂、其他钒基功能材料
钢铁
铁矿、铁鳞
雾化制粉
还原制粉
冶金粉末
成型、烧结、机加工
铁基粉冶制品

图 2-3 钒钛磁铁矿综合

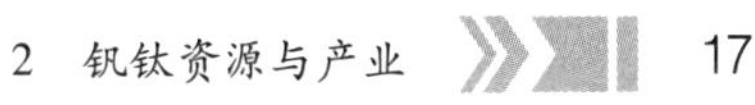

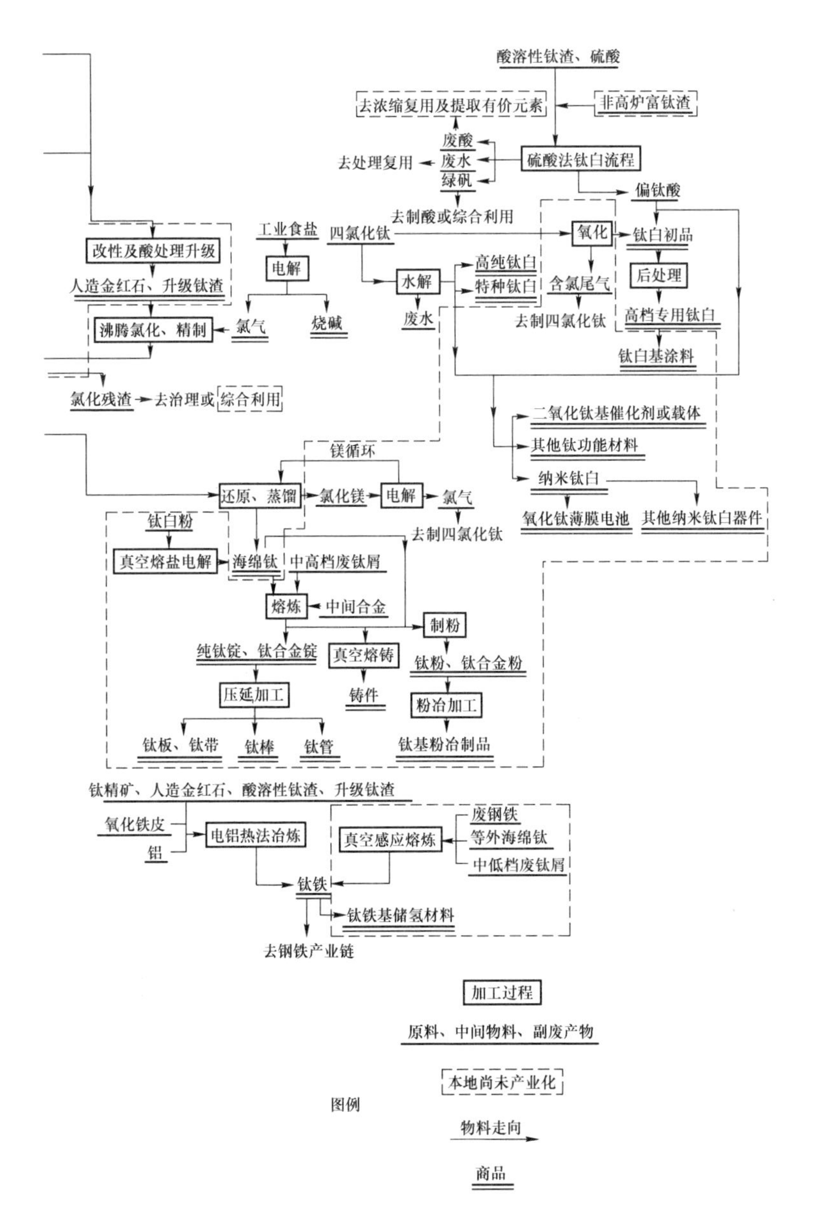
酸溶性钛渣、硫酸
去浓缩复用及提取有价元素
非高炉富钛渣
废酸
废水
绿矾
去处理复用
硫酸法钛白流程
偏钛酸
去制酸或综合利用
工业食盐
四氯化钛
氧化
钛白初品
改性及酸处理升级
电解
高纯钛白
后处理
人造金红石、升级钛渣
水解
特种钛白
含氯尾气
沸腾氯化、精制
氯气
烧碱
废水
去制四氯化钛
高档专用钛白
钛白基涂料
氯化残渣
去治理或
综合利用
二氧化钛基催化剂或载体
其他钛功能材料
镁循环
纳米钛白
还原、蒸馏
氯化镁
电解
氯气
氧化钛薄膜电池
其他纳米钛白器件
钛白粉
去制四氯化钛
真空熔盐电解
海绵钛
中高档废钛屑
熔炼
中间合金
制粉
纯钛锭、钛合金锭
真空熔铸
钛粉、钛合金粉
压延加工
铸件
粉冶加工
钛板、钛带
钛棒
钛管
钛基粉冶制品
钛精矿、人造金红石、酸溶性钛渣、升级钛渣
废钢铁
氧化铁皮
电铝热法冶炼
真空感应熔炼
等外海绵钛
铝
中低档废钛屑
钛铁
钛铁基储氢材料
去钢铁产业链
加工过程
原料、中间物料、副废产物
本地尚未产业化
图例
物料走向
商品

利用原则工艺流程

矿物结构与成分

攀枝花钒钛磁铁矿资源分布集中，红格、白马、攀枝花三大矿区的矿物成分略有差异，但矿物特性相似，有利于保持生产的稳定和研发工作的延续性。攀枝花矿属高钛型铁矿，矿体范围大，矿石类型为致密块状、浸染状。典型矿相组成及化学成分见表 2-2 和表 2-3。

表 2-2 攀枝花钒钛磁铁矿原矿的矿物组成

矿相	钛磁铁矿	钛铁矿	硫化矿	钛普通辉石	斜长石
矿物含量（%）	43~44	7.5~8.5	1~2	28~29	18~19

表 2-3 攀枝花钒钛磁铁矿原矿的典型化学组成

成分	TiO_2	TFe	FeO	Fe_2O_3	SiO_2	Al_2O_3	CaO	MgO
含量（%）	10.42	30.55	22.82	18.32	22.36	7.9	6.8	6.35
成分	V_2O_5	MnO	S	P_2O_5	Cr_2O_3	Co	Cu	Ni
含量（%）	0.30	0.29	0.64	0.03	0.029	0.017	0.022	0.01

攀枝花钒钛磁铁矿大多为品位低的贫矿和表外矿，按照攀枝花钒钛磁铁矿工业类型及原矿石含铁量，划分为四个等级，即富矿、中矿、贫矿、表外矿，具体情况见表 2-4。

表 2-4 攀枝花钒钛磁铁矿品级及储量分布

品　级	富矿	中矿	贫矿	表外矿
TFe（%）	50~45	45~30	30~20	20~15
占地质储量比例（%）	8	15	27	50

攀枝花钒钛磁铁矿石中的钛矿物主要为粒状钛铁矿、钛铁晶石和少量片状钛铁矿。在目前技术水平下，粒状钛铁矿可以单独回收，而钛铁晶石和片状钛铁矿不能单独回收。原矿结构致密，固溶了较高的氧化镁，因此，选出的铁精矿和钛精矿品位不高，钛精矿中 MgO 和 CaO 含量高，给提取冶金带来一定困难。目前工艺下，钒渣在铁水中提取，钛矿在选铁尾矿中选取，钒钛利用规模取决于钒钛磁铁矿资源的开采规模。攀枝花钛精矿成分稳定，酸溶性好，无放射性，但钙镁含量高，深加工利用技术难度大，这也是资源优势难以转化为经济优势的关键所在。

2.3 石煤矿

我国石煤储量巨大，湖南、湖北、浙江、江西、广东、广西、贵州、安徽、河南、陕西等 10 省、自治区石煤的总储量为 618.8 亿吨，其中探明储量为 39.0 亿吨，综考储量为 579.8 亿吨。

石煤矿中 V_2O_5 品位低于 0.5%的占到 60%。在目前的技术经济条件下，V_2O_5 品位达到 0.8%~0.85%以上的石煤才具有工业开采价值。石煤平均含钒品位如表 2-5 所示。

表 2-5 石煤平均含钒品位

V_2O_5（%）	<0.1	0.1~0.3	0.3~0.5	0.5~1.0	>1.0
占有率（%）	3.1	23.7	33.6	36.8	2.8

湖南：湖南的钒矿资源主要分布在雪峰山从南到北，有靖县文溪、洪江的双溪、中方的新路河、沅陵、辰溪、桃源的理公港、安化的东坪、大福坪、娄底的双江乡、宁乡青山桥、益阳、衡南、吉首古丈、岳阳新开塘等地。

陕西：陕西钒矿资源主要分布在商洛、安康、汉中等地，山阳中村、杨洼、夏家台、商南千家坪、槐树坪、湘河、水沟、小娅子、余家台、安康白河、汉滨区、宁陕冷水沟、汉中镇巴、斗安等地。

湖北：湖北的钒矿主要分布在丹江口水库区中上游丹江口、老河口、郧西、咸宁的崇阳、通城、通山、恩施翔凤、十堰等地。

河南：河南的钒矿资源主要分布在南阳淅川毛堂、荆紫关、信阳等地。

贵州：贵州的钒矿主要分布在松桃、瓮安、黄平、镇远等地。

安徽：安徽省钒矿资源主要分布在皖西南如石台、东至等地。

甘肃：甘肃省钒资源主要分布在敦煌方山口、肃北、康县等地。

其他省市：广西上林、江西九江、修水、新疆乌什、四川绵阳等地含石煤资源，并有规模以上企业生产钒产品。

2.4 钛产业

国外钛产业

全球 2017 年钛渣总产能约 500 万吨，表 2-6 为 2017 年的世界主要钛渣生产商及其产能。

表 2-6 2017 年世界主要钛渣生产商及其产能

公司	地址	产能（万吨）	原 料
QIT	加拿大索雷尔	120	Lac Allard 35% TiO_2 岩矿，马达加斯加砂矿
RBM	南非里查兹湾	100	焙烧 49% TiO_2 砂矿
Tronox	南非	45	砂矿 48% TiO_2
TTI	挪威 Tyssedal	20	Telles $TiO_2$45%岩矿和少量砂矿
UKTMC	哈萨克斯坦	15	51%钛铁矿
Berezniki	俄罗斯	15	乌克兰钛铁矿
其他生产厂家		185	

2017 年，除中国以外，世界钛白生产商共有 20 余家，年生产总能力超过 600 万吨，共有生产厂约 60 个。世界前 5 名的钛白生产商全部是美国公司。2017 年全世界海绵钛总产能约为 45 万吨。目前，

除中国外，世界海绵钛的主要生产厂家有6家，主要生产海绵钛的国家分别是日本、俄罗斯、美国、哈萨克斯坦。2017年全球海绵钛产能分布如图2-4所示。

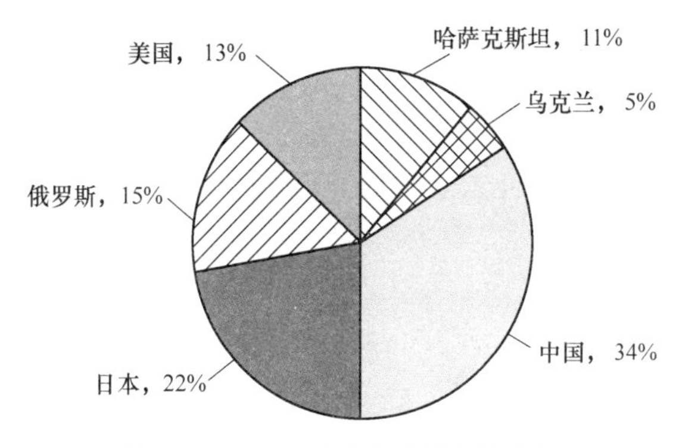

图2-4 2017年全球海绵钛产能分布

钛（合金）加工材生产国主要包括中国、美国、俄罗斯、日本、欧洲（英国、法国、德国、意大利）。自2010年以来，中国钛加工材产量已居世界第一。2017年，全世界钛锭的生产能力约为22万吨，钛加工材的生产能力约为23万吨。

国内钛产业

2017年，全国46家能维持正常生产的全流程型钛白粉企业（集团）的综合产量为287万吨，同比增加27万吨，增幅为10.49%。其中，产量达到10万吨级以上的企业共10家，合计产量为186万吨，占全国总量64.8%。依次是龙蟒佰利联、中核钛白、攀钢钒钛、中国蓝星化工、金浦钛业、山东东佳、山东金海、山东道恩、广西金茂和宁波新福。

龙蟒佰利联（集团）的四川德阳、湖北襄阳、河南焦作3个基地4个板块的钛白粉综合产量达60多万吨（2017年），占全国总产量的20.19%，遥遥领先于行业；攀枝花地区13家钛白粉企业（攀钢钒钛含攀渝钛业、钛海含鼎星）的钛白粉合计产量为45.2万吨，同比增加9.7万吨，同比大增27%。2017年，全国5家氯化法钛白粉生产企业（龙蟒佰利联、锦州钛业、云南新立、漯河兴茂、攀钢钒钛）的合计产量为16.8万吨，占全国钛白粉总产量5.83%，比上年增加6.2万吨，增幅为59%。

我国海绵钛工业发展迅速，规模不断壮大。近年来，各路资本纷纷看好钛行业未来的发展空间，竞相进入钛产业。2014~2018年，国内海绵钛产能出现明显过剩局面，海绵钛生产厂家达到16家。2017年，中国海绵钛年产能达到15万吨。

2015年中国钛锭主要生产企业的产量及产能如表2-7所示。2016年，全国27家主要钛锭生产企业的总产量为66479吨，较2015年增长了8.78%。2017年中国钛锭的产能达到11万吨。2018年，国内钛锭生产企业约27家，钛材加工企业200多家，钛设备生产企业300多家。

表2-7 2015年中国钛锭主要生产企业的产量及产能

生产厂家	产量（吨）	产能（吨）	生产厂家	产量（吨）	产能（吨）
宝钛股份	16000	28000	浙江五环	1480	2500
西部材料	4000	8000	鑫通科贸	1400	4800
攀长钢	3500	5000	南京宝泰	1200	3000
江苏天工	3500	10000	沈阳大吉	1200	3000
洛阳725所	3200	4200	东方钽业	1100	4000
北京中北	3000	5000	富士特	1080	1200
宝鸡力兴	3000	5000	河北德林	1000	3000
西部超导	3000	3000	江苏宏宝	1000	3000
云南钛业	2800	10000	北京621所	800	2700
青海聚能	2100	8000	陕西兴盛	720	750
湘投金天	2000	5000	宝钢特种	500	10000
忠世高新	1750	3700	北京宏大	400	2000

2.5　钒产业

国外钒产业

2017 年，全球钒制品产量约 15 万吨（折合 V_2O_5），全球消耗钒制品 13 万吨。世界上有 25 个以上的厂家从事钒产品的深加工，它们遍布世界各个工业化地区，但主要分布在中国、俄罗斯、南非、美国和西欧等国家和地区。其中，南非、中国、俄罗斯三个国家的 V_2O_5 生产能力占全球产能的 2/3，均是利用含钒的磁铁矿为原料，在转炉炼钢过程中回收钒渣，进而加工成 V_2O_5 等初级产品，或是进一步加工成钒铁供应市场。从工厂分布看，世界钒产业主要集中在南非海威尔德、中国攀钢、俄罗斯图拉、瑞士 Xstrata、美国战略矿物公司等 5 家企业，产能占全球的 80%，并且它们还在扩大钒制品的生产能力和规模。

国内钒产业

我国除西藏、宁夏、海南外，几乎每个省市都有钒的生产企业，厂家数量达到 50 余家，大中型企业有十余家。2017 年，各厂总的钒制品产能（以 V_2O_5 计）已达 10 万吨以上，实际产量占全球的比重由 2005 年的 27%提高到 2017 年的 45%。还有些厂家在扩能或新建，实际产量已位居世界第一。

中国的钒原料主要来自钒钛磁铁矿，通过高炉/转炉工艺得到的钒渣，其次来自于石煤提钒。攀钢和承钢结成的钒战略联盟集团几乎占据了国内钒产品产量的 2/3。四川攀西地区是我国重要的钒产业基地。2017 年，攀枝花市从事钒制品生产的企业就有 10 余家，钒产品呈现系列化，包括钒渣、五氧化二钒、三氧化二钒、多钒酸铵、钒氮合金、钒铁、硫酸氧钒等，已成为国际国内首屈一指的钒产品生产基地。攀枝花生产钒制品的企业有：攀钢钒业、卓越钒业、柱宇钒业、红杉钒制品、锦利工贸、金江化工、仁通钒业、向阳钒业、金勇工贸等。国内以石煤为原料生产钒制品的企业遍及全国各地。

3 钒钛磁铁矿采选工艺与设备

3.1 钒钛磁铁矿采选工艺流程

以攀西地区为例，从事钒钛磁铁矿开采的企业约40余家。目前除攀钢矿业公司进入深部开采外，均采用露天开采，采矿回采率约93%，选矿回收率约72%。2017年攀枝花市钒钛磁铁矿年开采量约8000万吨，经过阶磨阶选后得到品位为55%以上的铁精矿1920万吨。其中，攀钢矿业公司1136万吨、龙蟒选矿厂318万吨、安宁铁钛161万吨、青杠坪73万吨，其余30多家民营选矿企业年产铁精矿232万吨。

攀西钒钛磁铁矿采选产业链如图3-1所示，承德钒钛磁铁矿采

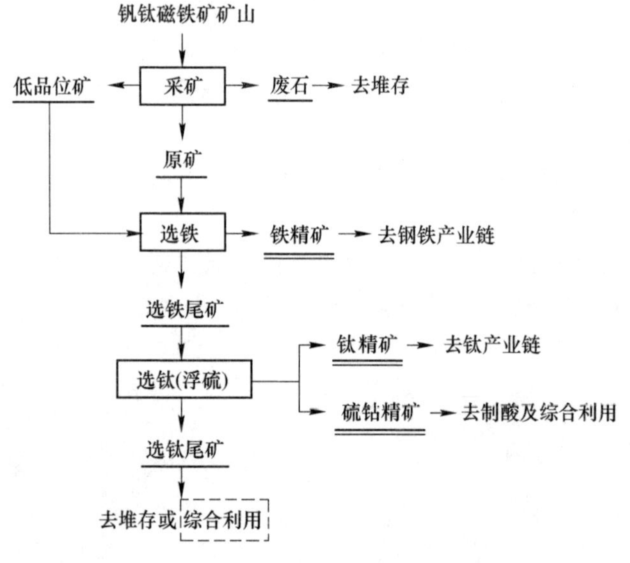

图3-1 攀西钒钛磁铁矿采选技术产业链

选与攀西类似。

攀西地区铁的利用率约70%（从原矿到铁水），钒的利用率约41%（从原矿到V_2O_5），钛的利用率约21%（从原矿到钛精矿）。由于矿产资源禀赋特殊，受技术水平限制，钛资源回收利用率低，成为综合利用的首要问题。以攀西某大型铁矿为例，典型的采矿工艺流程如图3-2所示。

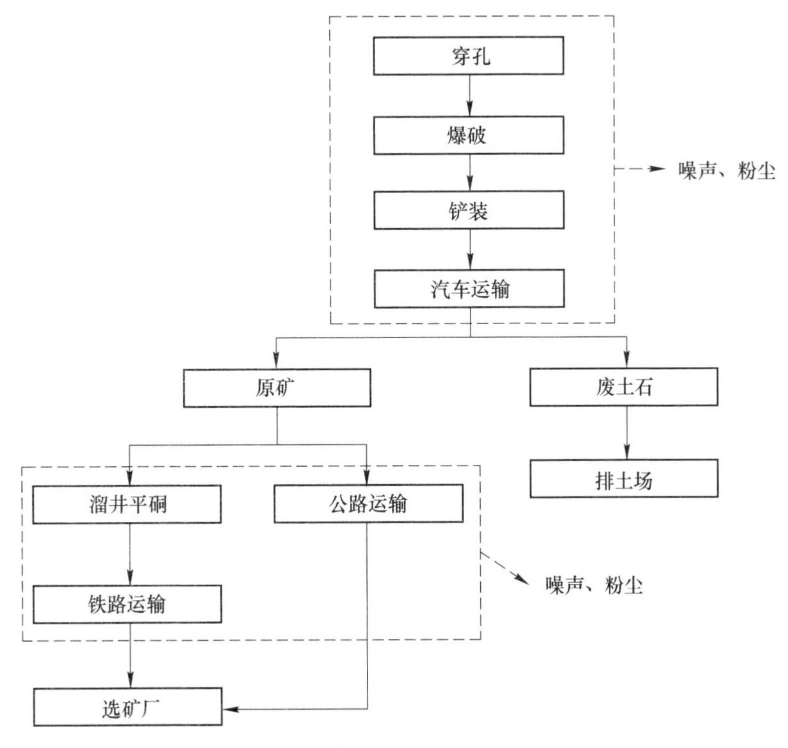

图3-2 钒钛磁铁矿采矿工艺

从选矿工艺流程上看，各选厂选铁工艺基本相同，大多采用“三段一闭路破碎—两段闭路磨矿—两次磁选”，有的选矿企业因场地、投资等限制采用两段破碎。选钛工艺各有不同，除了一般的“重选—强磁”外，大型选厂还采用浮选工艺，实现了微细粒级钛精矿、硫钴精矿的回收。

以攀西某大型选矿厂为例，典型的生产工艺如图 3-3 所示。

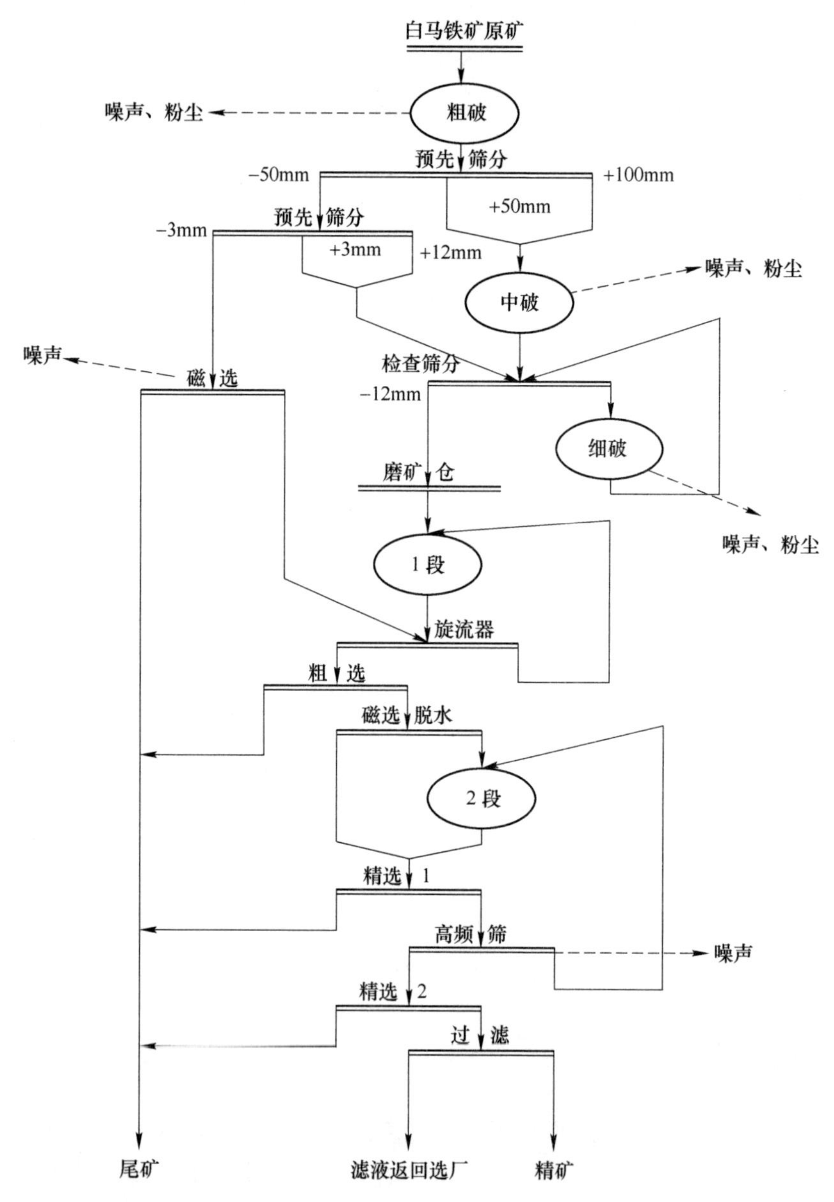

图 3-3　某大型选矿厂生产工艺流程

我国攀西地区目前采取的铁钒钛开发利用流程是：原矿先经弱磁选选铁，获得钒钛磁铁精矿作为钢铁产业的原料，再采用强磁选（重选）—浮选等方法从选铁尾矿中选钛，得到钛精矿和硫钴精矿，钛精矿进入钛产业，硫钴精矿用以制酸或其他产业。

在选矿过程中约占原矿总量52%的钛和89%的钒进入钒钛磁铁精矿中，攀钢采用高炉法进行冶炼，仅能提取其中的铁和钒，钛几乎全部进入渣相，形成含 TiO_2 22%~25%的高炉渣，使得占钛资源量一半以上的含钛高炉渣难以有效利用，大量堆存。2017 年开展中试的高温碳化—低温氯化项目有望改变该状况。

3.2 钒钛磁铁矿主要采选设备

攀西某大型铁矿主要设备设施名称及数量参见表 3-1。

表 3-1 某铁矿主要设备表

序号	作业区或工序	设备名称	台/套数
1	采矿作业区	195B 电铲	5
2		WK-4C 型电铲	5
3		WK-4B 型电铲	3
4		CS165E 液压钻	1
5		KY-250D 牙轮钻	6
6		YZ-35 牙轮钻	1
7		WK-10B 型电铲	2
8		WK-10C 型电铲	1
9		阿特拉斯 CDM75	1
10		山特维克 DI500	2
11	汽运作业区	VOLVOA40D	8
12		VOLVOA40E	10
13		TR60	3
14		TR50	7
15		TR230	5

续表 3-1

序号	作业区或工序	设备名称	台/套数
16	汽运作业区	TR220	6
17		柳工 CLG888 装载机	3
18		成工 ZL30D 装载机	1
19		WA470 装载机	2
20		PC3607 挖掘机	4
21		TR180 刮路机	2
22		PQ190 刮路机	1
23		XS190A 压路机	1
24		三一重工压路机	1
25	胶带运输作业区	150t 电机车	3
26		49. 5tKS 自翻车	32

攀西某大型选矿厂主要设备设施名称参见表 3-2。

表 3-2　某选矿厂主要设备表

序号	车间或工序	设备名称	台/套数
1	粗破	PX1200/180 旋回破碎机	1 台
2	预先筛分	2460 重型双层振动筛	2 台
3	中破	PYB-T2235 圆锥破碎机	2 台
4	粗磁选	XCTΦ1200×3000 湿式顺流型稀土永磁筒式磁选机	4 台
5	预先筛分	2DYKB3073 圆振筛	2 台
6	细破	H8800 圆锥破碎机	2 台
7	检查筛分	2YKR3073 圆振筛	8 台
8	1 段磨矿	MQY3660 湿式溢流型球磨机	4 台
9	1 段分级	FX610-GT6 旋流器	4 台
10	1 段粗选	CTXΦ1200×3000 湿式顺流型永磁筒式磁选机	8 台
11	脱水磁选	CTBΦ1200×2400 湿式半逆流型永磁筒式磁选机	8 台

续表 3-2

序号	车间或工序	设备名称	台/套数
12	2 段磨矿	MQY3660 湿式溢流型球磨机	4 台
13	1 段精选	CTBΦ1200×3000 湿式半逆流型永磁筒式磁选机	4 台
14	2 段分级	2SG48-60W-5STK 高频振动筛	4 台
15	2 段精选	CTBΦ1200×3000 湿式半逆流型永磁筒式磁选机	4 台
16	过滤	P60/15C 陶瓷过滤机	8 台

4 主要钛产品

4.1 钛产品分类

从矿物材料到最终的民用、军用材料，钛产品可分为10多种：

- 钛精矿；
- 高钛型炉渣；
- 天然金红石；
- 人造金红石；
- 钛渣（酸渣、氯化渣）；
- $TiCl_4$；
- 钛白粉（锐钛型和金红石型）；
- 海绵钛（海绵状金属钛）；
- 钛（合金）材；
- 钛的衍生品。

其中，天然金红石、人造金红石、钛渣（酸渣、氯化渣）又统称为富钛料。

主要的钛产品有钛精矿、钛渣、钛白粉、海绵钛、钛合金材料。

4.2 钛产品的主要用途

金属钛、钛合金：用于航空航天、工业生产及民用产品；

钛矿：生产钛渣、人造金红石、硫酸法钛白粉；

钛渣：生产 $TiCl_4$、硫酸法钛白粉；

$TiCl_4$：生产海绵钛、氯化法钛白粉；

海绵钛：生产钛（合金）锭；

钛（合金）锭：生产钛（合金）材；

钛（合金）材：用于设备制造或作为结构性材料。

最终产品主要是钛白、钛（合金）材。其他钛化工产品可用作颜料和催化剂。全球各种主要用途耗用钛矿的大致比例如图 4-1 所示。90%以上的钛矿最终形成钛白，只有不到 10%的钛矿最终形成金属钛。

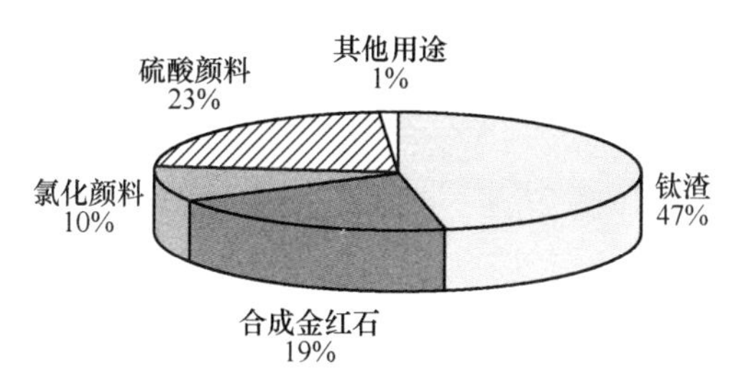

图 4-1　根据用途分类的总钛矿需求

4.3　钛产品术语

钛精矿

钛精矿（ilmenite）是从钒钛磁铁矿或钛铁矿中采选出来，是生产钛白粉的原料，也是生产钛渣的原料，还可用于生产人造金红石。钛精矿又常简称为钛矿，主要成分包括二氧化钛（TiO_2 含量一般 47%，通常介于 45%～50%之间）、三氧化二铁（Fe_2O_3）、氧化亚铁（FeO）、二氧化硅（SiO_2）等。钛精矿一般为粉状，黑色，0.074mm（200 目）左右，形状如图 4-2 所示。我国攀西地区生产的钛精矿约占全国钛精矿产量的 2/3，且具有不含放射性及品质稳定的特点，是生产硫酸法钛白粉的优质原料。

钛渣

钛渣（titanium slag）是采用钛精矿为原料，在电弧炉内经过高温冶炼而形成的钛矿富集物俗称。通过电炉加热熔化钛矿，使钛矿

图 4-2 钛精矿商品

中氧化铁被碳还原为液态金属铁，再将铁与熔融状固态的二氧化钛、二氧化硅、氧化镁、氧化钙等分离后得到二氧化钛含量较高的富集物（即钛渣）。钛渣一般为粉状，黑色，粒度在 0.370 ~ 0.074mm（40~200 目），形状如图 4-3 所示。

图 4-3 钛渣产品

钛渣是生产硫酸法钛白粉和四氯化钛产品的原料。将钛精矿冶炼为钛渣的目的，在于去除大多数铁后提高 TiO_2 的品位。钛渣按用途又可分为酸溶性钛渣和氯化钛渣。酸溶性钛渣用于生产硫酸法钛白粉，其 TiO_2 品位一般为 74%左右；氯化钛渣用于生产四氯化钛产品，进一步可生产氯化法钛白粉，其 TiO_2 品位一般为 90%以上。酸溶性钛渣一般不适合用于生产四氯化钛，原因在于其较低的 TiO_2 品位降低了生产效率，且较高含量的钙镁会严重影响氯化炉顺行。氯化钛渣一般不适合用于生产硫酸法钛白粉，原因在于其较高含量的低价钛严重影响酸解工序的顺行，较大增加了成本。钛渣常被称为高钛渣，少数人常用高钛渣来特指氯化渣。

酸溶性钛渣生产硫酸法钛白粉的优势在于：生产过程中基本上不产生硫酸亚铁（绿矾），且消耗的浓硫酸较少；劣势在于：酸溶性钛渣价格显著高于钛精矿。钛精矿生产硫酸法钛白粉的优势在于：原料成本较酸溶性钛渣低；劣势在于：副产大量的硫酸亚铁和稀废硫酸。

2014 年，攀钢集团海绵钛厂首创了利用 TiO_2 品位 74%左右的攀枝花高钙镁钛渣生产四氯化钛的工艺装备技术，处于国内外领先水平。

我国攀西地区共有攀钢钛冶炼厂、国钛科技、金港钛业、大互通钛业、龙坤电冶、金江钛业、天旺钛业、伟建熔炼、源通钛业、奥磊工贸等十余家钛渣生产企业。其中，金江钛业是亚洲唯一一家采用矩形电炉生产钛渣的企业。矩形电炉和圆形电炉各有优缺点。

人造金红石

人造金红石（rutile）是指利用化学加工方法，将钛精矿中的大部分铁成分分离出去所生产的一种在成分、结构、性能及 TiO_2 品位与天然金红石相同或相似的富钛原料。其 TiO_2 含量一般在 90%~96%，主要用于生产四氯化钛、搪瓷制品和电焊条药皮，还可用于生产人造金红石黄颜料。一般为粉状，黄褐色，粒度在 0.370~0.074mm（40~200 目），形状如图 4-4 所示。目前，国内只有攀枝花（中钛公司）、自贡等少数地区生产人造金红石，其采用盐酸法生产的富钛料中的氯化用富钛料即为人造金红石。攀钢集团研究院在人造金红石方面曾做了大量试验研究，取得了非常可喜的实验室成果。

图 4-4　人造金红石产品

四氯化钛

常温下四氯化钛（titanium tetrachloride）是无色透明液体，在空气中冒白烟，具有强烈的刺激性气味。四氯化钛液体如图 4-5 所示。四氯化钛的熔点为-23.2℃，沸点为 135.9℃。镁、钠、铝和钙在高温下都能把 $TiCl_4$ 还原为金属钛。在约 1000℃时，金属镁可将 $TiCl_4$ 还原为金属钛，这是海绵钛生产的基本原理。在约 550℃时，$TiCl_4$ 开始与氧反应生成 TiO_2，这是氯化钛白生产的基本原理。

工业上生产 $TiCl_4$ 的原料主要是氯化钛渣，也可以使用金红石。四氯化钛是钛及其化合物生产过程的重要中间产品，为钛工业生产的重要原料，并有着广泛的用途：

- 是生产海绵钛的原料；
- 是生产氯化钛白的原料；
- 是生产三氯化钛的原料；
- 是生产钛酸酯及其衍生物等钛有机化合物的原料；
- 可作发烟剂用。

图 4-5 四氯化钛液体

由于 $TiCl_4$ 具有强烈的刺激性气味，生产现场不可避免地、或多或少地存在一些泄漏，而人体嗅觉又较敏感，所以 $TiCl_4$ 厂家的环保问题备受关注。

钛白粉

钛白粉（titanium dioxide）是一种重要的、用途非常广泛的无机化工产品，是当前最白的白色颜料，主要成分为 TiO_2，在涂料、油墨、造纸、塑料、橡胶、化纤、陶瓷等工业中有重要用途。其中，涂料占 60%、塑料占 20%、造纸占 14%、其他（含化妆品、化纤、电子、陶瓷、搪瓷、焊条、合金、玻璃等领域）占 6%。

钛白粉俗称钛白，形状如图 4-6 所示。钛白粉的产品类型是按其晶形来划分的，分为锐钛型和金红石型两种。生产硫酸法钛白粉的原料，既可以是钛精矿，又可以是酸溶性钛渣，还可以是两者的混合料。生产氯化法钛白粉的原料，只能是氯化钛渣或金红石，不能用钛精矿和酸溶性钛渣。

锐钛型钛白中一般 TiO_2 含量不低于 96%，金红石钛白中一般 TiO_2 含量不低于 80%。锐钛型钛白和金红石型钛白的区别在于其晶体结构存在差异。通常认为金红石型钛白要好些，其价格也贵些，但各有用途。如锐钛型钛白可用于化纤领域、食品领域和催化剂等

图 4-6 钛白粉产品

领域，而金红石型钛白则不行。硫酸法既可以生产锐钛型钛白，又可以生产金红石型钛白，而氯化法只能生产金红石型钛白。

金红石型钛白包膜时增加了其他物质，所以 TiO_2 品位降低了，其原因在于包膜时用了硅酸钠、铝酸钠、锆盐等。而锐钛型钛白一般不用包膜，所以锐钛型钛白中 TiO_2 品位高一些。金红石型钛白包膜的目的，在于增强钛白颗粒的耐候性与亮度，使产品具有更高的耐酸碱性能和更高的白度。

由于钛白粉的高利润性，国内出现了不少以碳酸钙（$CaCO_3$）为核、以钛白（TiO_2）为膜的包膜钛白，俗称复合钛白。这种产品的质量较真实钛白差，但价格较低，在不少领域也有一定市场。

偏钛酸

偏钛酸（metatitanic acid）是一种白色粉末，是钛白生产中的中间产物，加热时变黄。偏钛酸的主要成分为 H_2TiO_3。25℃时密度为 $4.3g/cm^3$。偏钛酸不导电。钛白生产过程中的偏钛酸一般未完全脱水，呈白色浆料状，形状如图 4-7 所示。生产偏钛酸的原料是钛精矿或酸溶性钛渣。

钛白生产过程中，$Ti(SO_4)_2$ 和 $TiOSO_4$ 的酸性溶液在沸水中水解生成偏钛酸沉淀。偏钛酸不溶于水，也不溶于稀酸和碱溶液中，却

图 4-7 偏钛酸产品

溶于热浓硫酸。偏钛酸是不稳定化合物，在煅烧时发生分解，生成 TiO_2。偏钛酸既是进一步生产钛白粉的中间产品，又可作为商品销售，用于生产脱硝催化剂载体、钛酸钡、纳米二氧化钛、钛的衍生品等。只要有好的市场，国内硫酸法钛白生产厂家都可以销售偏钛酸。

脱硝催化剂载体

以 TiO_2 为基的脱硝催化剂载体又叫脱硝钛白、催化钛白，是 SCR 脱硝催化剂的主要载体，载体成分为 TiO_2，含量一般大于 80%，催化剂成分为三氧化钨（WO_3）、五氧化二钒（V_2O_5）等。生产脱硝钛白的原料一般直接采用偏钛酸。该产品主要用于电厂、冶金企业、化工企业等废气排放过程中的脱硝处理。其主体生产工艺与硫酸法钛白类似。国内有正源科技、钛都化工、鼎星钛业、尚亿科技等十余家企业生产脱硝钛白。

海绵钛

海绵钛（titanium sponge）是以四氯化钛为原料、金属镁（Mg）为还原剂，采用金属热还原法生产出的海绵状金属钛，主要成分为钛（Ti）。海绵钛中金属钛（Ti）的含量一般为 99.1%~99.7%，氧（O）、镁（Mg）、氯（Cl）等杂质元素总量为 0.3%~0.9%，杂质元素氧含量为0.06%～0.20%。硬度（HB）为100～157。根据纯度的不同，海绵钛分为MHT0～MHT4五个等级。航空航天用钛一般采用0级海绵钛为原料。攀钢集团、遵义钛业等大型海绵钛厂已具备生产0级海绵钛的能力。

海绵钛是生产钛（合金）锭的原料，钛（合金）锭可进一步机加工为钛（合金）材，也可进一步熔铸为钛（合金）铸件。海绵钛生产是钛工业的基础环节，它是钛材、钛粉及其他钛构件的原料。海绵钛形状如图4-8所示。国内有攀钢集团、遵义钛业、青海聚能等十余家企业生产海绵钛，产能比较饱和。

块状

粒状

图4-8　海绵钛产品

钛锭

钛及钛合金铸锭可简称为钛锭（titanium alloy ingot）。生产钛锭的原料为海绵钛，通过高温熔炼后可获得致密状的钛锭，以利于进一步的锻压加工处理成钛材。只有将海绵钛制成致密的可锻性金属，才能进行机械加工并广泛应用于工业各部门。刚焊接完成后待熔炼的海绵钛电极如图 4-9 所示，熔炼后获得的钛锭如图 4-10 所示。

图 4-9　焊接后的海绵钛电极

图 4-10　熔炼后的钛锭

熔炼钛锭一般采用真空自耗电弧炉熔炼法（VAR 法）和电子束冷床炉熔炼法（EB 炉法）。钛锭作为钛材生产的原料。攀枝花大江钒钛购置了一台乌克兰 EB 炉，通过消化吸收后，自主研发了一台国产 EB 炉生产钛锭。攀长钢也生产钛锭（VAR 法）。攀枝花学院也购置了一台国产化的实验室用小型 EB 炉，开展了一些钛锭熔炼实验。

钛材

钛（合金）材简称为钛材（titanium alloy material），由于优良耐腐蚀性能，钛材广泛应用于石油、化工、制盐、制药、冶金、电子、航空、航天、海洋等相关领域。

钛材大致分为纯钛、α 钛合金、β 钛合金、α+β 钛合金 4 类。后 3 种分别用 TA、TB、TC 加顺序号表示产品牌号。工业纯钛的室温组织为 α 相，因此牌号划入 α 型钛合金的 TA 序列。

常用钛合金的牌号如表 4-1 所示。

表 4-1 常用钛合金的牌号和化学组成

合金牌号	化学组成	合金牌号	化学组成
TA0	工业纯钛	TB1	Ti-3Al-8Mo-11Cr
TA1	工业纯钛	TB2	Ti-5Mo-5V-8Cr-3Al
TA2	工业纯钛	TC1	Ti-2Al-1. 5Mn
TA3	工业纯钛	TC2	Ti-4Al-1. 5Mn
TA4	Ti-3Al	TC3	Ti-5Al-4V
TA5	Ti-4Al-0. 005B	TC4	Ti-6Al-4V
TA6	Ti-5Al	TC6	Ti-1. 5Cr-2. 5Mo-0. 5Fe-0. 3Si
TA7	Ti-5Al-2. 5Sn	TC9	Ti-6. 5Al-3. 5Mo-2. 5Sn-0. 5Fe
TA8	Ti-5Al-2. 5Sn-3Cu-1. 5Zr	TC10	Ti-6Al-6V-2Sn-0. 5Cu-0. 5Fe

工业纯钛在常温下为密排六方晶体（α 相），大约 882℃转变为

体心立方结构（β相），该温度称为β相变点。若在制备铸锭时在海绵钛中添加各种合金元素如Al、Mo、Cr、Sn、Mn、V等等，随着添加量的不同，会引起β相变点变化，会出现在室温时为纯α单相、α+β两相及纯β单相三种组织状态。在室温下仅存在α单相的合金叫做α合金，在室温下同时存在α、β两相组织的合金叫做α+β合金，在室温下仅存在β单相组织的合金叫做β合金。

所谓的“工业纯钛”是指含有一定量杂质的纯钛，其氧、氮、碳、铁、硅等杂质总量一般为0.2%~0.5%。这些杂质使工业纯钛既具有一定的强度和硬度，又有适当的塑性和韧性，可用做结构材料。所谓的“钛合金”是指在“工业纯钛”中加入Al、Mo、Cr、Sn、Mn、V等合金元素，以增强各种性能，如Ti-6Al-4V合金（TC4）就是典型的用于航空航天的钛合金。钛合金的机械性能与耐蚀性都比纯钛有明显提高。工业上使用的几乎都是钛合金。

工业纯钛根据杂质含量不同分为TA0、TA1、TA2、TA3等牌号。随着序号增大，钛的纯度降低，抗拉强度提高，塑性下降。

α钛合金牌号有TA4、TA5、TA6、TA7、TA8等，常用的有TA5、TA7，以TA7最常用，TA7具有优良的低温性能。α钛合金主要用于制造500℃以下温度工作的火箭、飞船的低温高压容器，航空发动机压气机叶片和管道、导弹燃料缸等。

β钛合金主要有TB1、TB2两个，可热处理强化，实际应用较多的为TB2。β钛合金具有良好的工艺塑性，便于加工成形，时效处理后强度可达1280~1380MPa。β钛合金主要用于制造350℃以下温度工作的飞机压气机叶片、弹簧、紧固件等。

α+β钛合金具有α钛合金和β钛合金的优点，牌号包括TC1~TC11，常用的有TC3、TC4、TC6、TC10等，以TC4最常用。制造400℃以下工作的航空发动机压气机叶片、火箭发动机外壳、火箭和导弹的液氢燃料箱部件、船舰耐压壳体等。TC10是在TC4基础上发展起来的，具有更高的强度和耐热性。

合金元素在熔炼钛锭过程中加入，形成的钛合金铸锭即决定了钛材种类。钛（合金）材做成的钛阀和钛管如图4-11所示。

图 4-11　钛（合金）材做成的钛阀和钛管

碳化钛

碳化钛（titanium carbide）是一种具有金属光泽的铜灰色结晶体，晶型构造为正方晶系，化学组成为 TiC。20℃时密度为 4.91g/cm^3。TiC 具有很高的熔点和硬度，熔点为 3150±10℃，沸点为 4300℃，莫氏硬度为 9.5，显微硬度为 2.795GPa，它的硬度仅次于金刚石。

TiC 具有良好的传热性能和导电性能，随着温度升高其导电性降低，这说明 TiC 具有金属性质。熔化的金属钛在 1800~2400℃ 直接与碳反应生成 TiC。一般在高温（1800℃ 以上）真空下用碳还原 TiO_2 制取 TiC。

碳化钛是已知的最硬的碳化物，是生产硬质合金的重要原料。TiC 还具有热硬度高、摩擦系数小、热导率低等特点，因此含有 TiC 的刀具比碳化钨（WC）及其他材料的刀具具有更高的切削速度和更长的使用寿命。如果在其他材料（如 WC）的刀具表面上沉积一层 TiC 薄层时，则可大大提高刀具的性能。碳化钛粉和碳化钛做成的圆形刀具如图 4-12 所示。

图 4-12　碳化钛粉（上）和碳化钛做成的圆形刀具（下）

攀钢集团开发的高温碳化—低温氯化工艺技术处理含钛高炉渣时，先用C还原炉渣中的TiO_2，生成TiC。该TiC是混杂于熔体中的中间产物。而这里所说的碳化钛是一种纯度较高的产品，主要用于生产硬质合金刀具。两者的概念有较大区别。

5 主要钛产品生产工艺流程

5.1 钛产品生产原则流程

所有钛产品的最初原料都是含钛矿物，通常为钛铁矿。最终钛产品有两种：一是单质的金属钛；二是氧化物 TiO_2。前者作为结构性钛（合金）材料，广泛用于航空航天、海洋、化工及高档民用等领域；后者作为功能性钛白粉颜料，广泛用于涂料、造纸、塑料及电子等领域。钛铁矿经选矿工艺后成为钛精矿，钛精矿经熔炼为钛渣或经湿法冶金处理为人造金红石或富钛料，钛精矿或酸溶性钛渣作为硫酸法钛白的原料，与浓硫酸酸解后生产钛白粉，氯化钛渣或人造金红石经氯化后生成四氯化钛，再用镁高温还原生产海绵钛，海绵钛经高温熔融为钛锭，即可进一步加工成钛材。工艺流程如图 5-1 所示。

5.2 钛渣生产工艺

电炉熔炼钛渣的工艺流程包括：配料，制团（可选），电炉熔炼，渣铁分离，冷却炉前钛渣，破碎，磁选，获得成品高钛渣等步骤。钛精矿与碳还原剂一起置于高温电弧炉中熔炼，铁氧化物被还原为金属铁，余下部分为二氧化钛、氧化钙、氧化镁、二氧化硅的熔融混合物，冷却后即为钛渣。电炉熔炼钛渣的原则工艺流程如图 5-2 所示。其中的半钢是指电炉熔炼后获得的含碳较高的铁水。

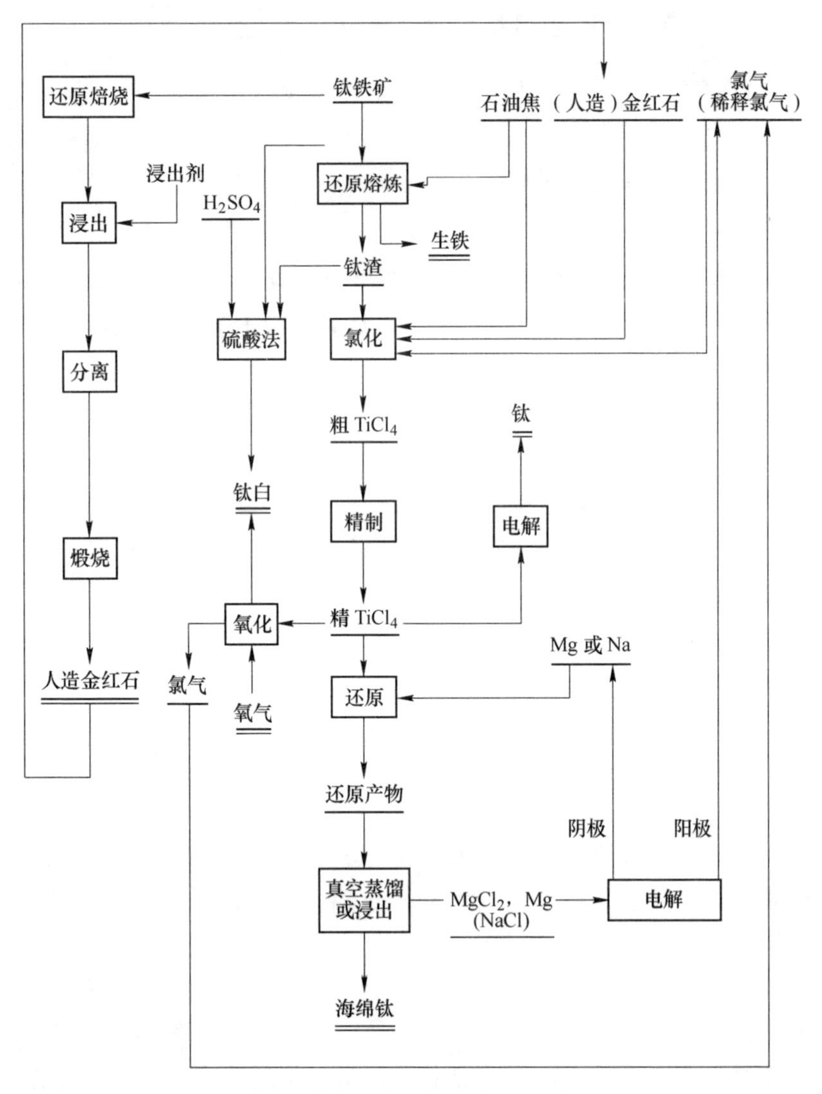

图 5-1 钛产品生产原则工艺流程

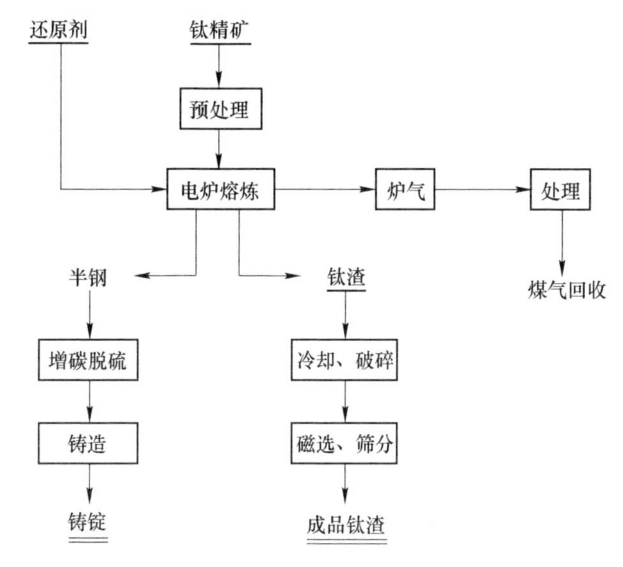

图 5-2 电炉熔炼钛渣的原则工艺流程

5.3 硫酸法钛白粉的生产工艺

钛白生产方法包括以下三种：

（1）硫酸法，可生产金红石型和锐钛型钛白；

（2）氯化法，国内仅中信锦州钛业、云南新立、洛阳万基、漯河兴茂、攀钢在生产或在建，国外55%企业采用，只能生产金红石型钛白；

（3）盐酸法，尚未产业化，新西兰曾进行试生产，国内不少学者也开展过实验研究。

生产钛白的硫酸法与氯化法各有优缺点，业界评价褒贬不一。硫酸法会产生绿矾和废酸，但可综合利用，氯化法产生的氯化废渣处理难度较大，一般只能深埋，国内攀钢集团已开发了一种可以有效回收利用氯化废渣的专有技术。硫酸法可生产锐钛型钛白，但氯化法不行。随着环保成本的增加，硫酸法钛白粉厂只要愿意增大资金投入，其“三废”污染问题是可以得到较好解决的。

硫酸法生产钛白是成熟的生产方法，使用的原料为钛精矿或钛渣，以及矿渣混合物。硫酸法钛白生产，实际上是一个通过分离、提纯等化学和物理方法，去除钛精矿（钛渣）中的杂质，只保留90%以上 TiO_2 的一个化工过程。

硫酸法钛白生产的主要环节包括：（1）酸解；（2）钛液水解；（3）偏钛酸盐处理；（4）偏钛酸煅烧；（5）钛白后处理。

硫酸法生产钛白的原料为：钛精矿或钛渣、硫酸。产品为：金红石型钛白或锐钛型钛白，另外副产硫酸亚铁。

以钛精矿为例，硫酸法生产钛白主要由下列几个工序组成：原矿准备，用硫酸分解精矿制取硫酸钛溶液，溶液净化除铁，由硫酸钛溶液水解析出偏钛酸，偏钛酸煅烧制得二氧化钛以及后处理工序等。

硫酸法生产钛白原则工艺流程如图 5-3 所示。

5.4 四氯化钛的生产工艺

对于四氯化钛的生产过程，虽然各个企业工艺流程上稍有差异，但主要是由配料、氯化和精制三部分组成。配料工段来自高位料仓合格粒度的富钛料与破碎、干燥后的焦炭按一定配料比加入螺旋输送机上，经初混后送入流化器，风送至氯化工段，经旋风和布袋收尘卸入混合料仓，供氯化炉使用。

氯化工艺主要采用了沸腾氯化和熔盐氯化两种氯化方法。沸腾氯化是现行生产四氯化钛的主要方法（中国、日本、美国采用），其次是熔盐氯化（主要是独联体国家采用，我国攀钢、锦州也采用）。沸腾氯化一般是以钙镁含量低的高品位富钛料为原料，而熔盐氯化则可使用高钙镁原料。熔盐氯化的工艺流程如图 5-4 所示。粗四氯化钛精制是指除去粗四氯化钛中的杂质，产出纯四氯化钛的过程。粗四氯化钛含有多种溶解或呈悬浮状的杂质，工业上常采用沉降过滤法除去固体悬浮物，用蒸馏-精馏法和化学法除去溶解在四氧化钛中的硅、铝、铁、钒等氯化物杂质，获得纯度在 99.95%的精四氯化钛。粗四氯化钛精制流程如图 5-5 所示。

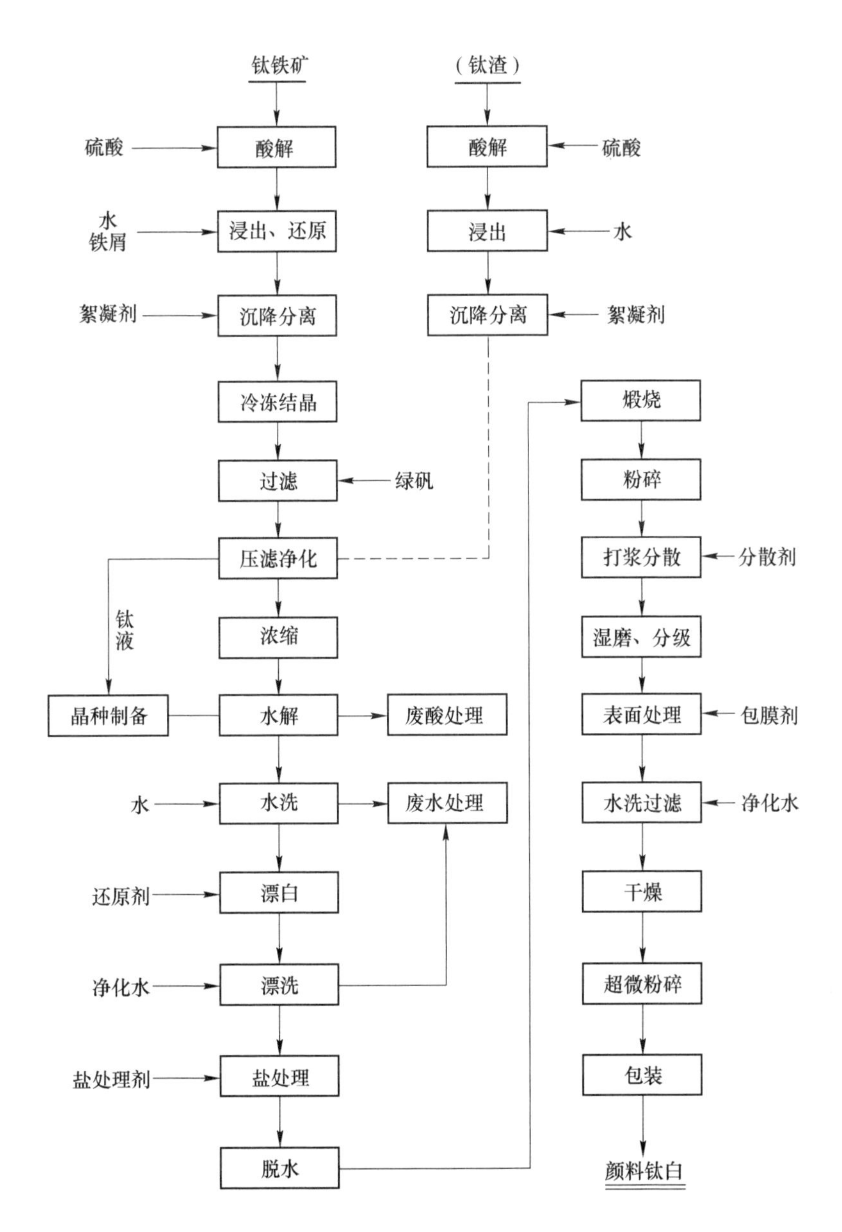

图 5-3 硫酸法生产钛白原则工艺流程

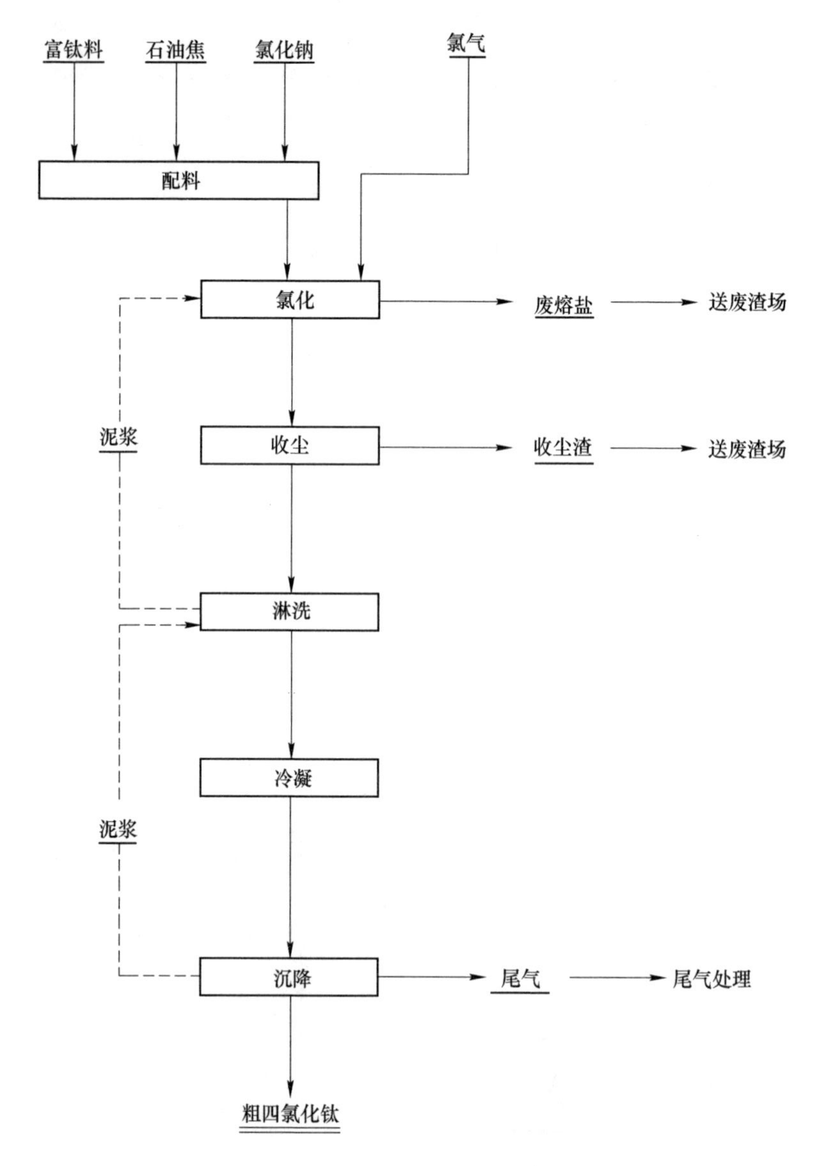

图 5-4　熔盐氯化原则工艺流程

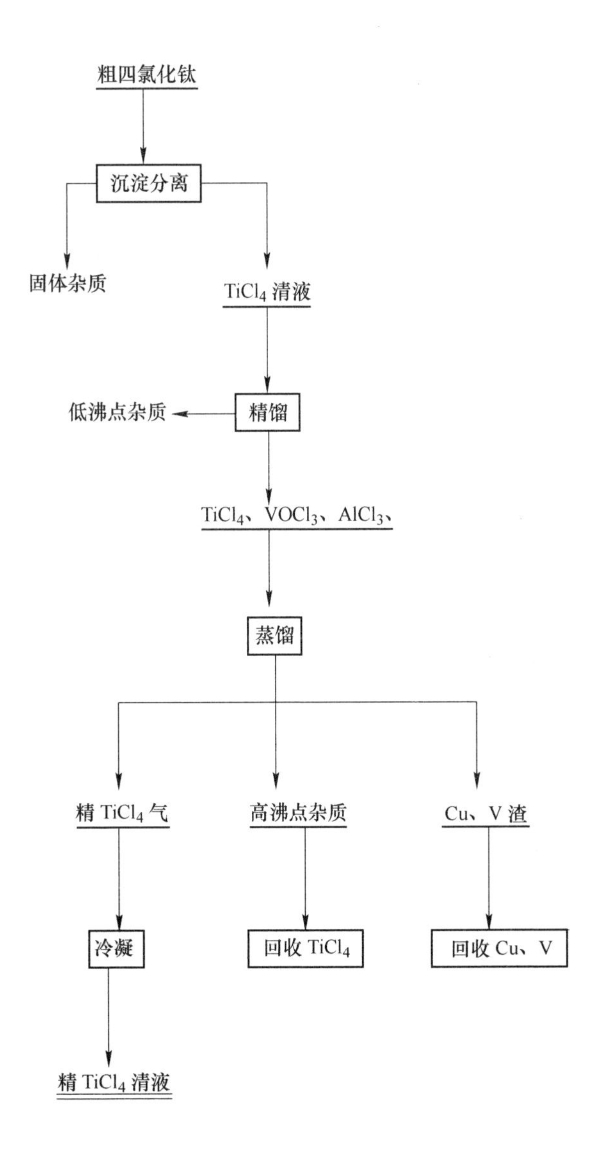

图 5-5 粗四氯化钛精制原则流程

5.5 氯化法钛白的生产工艺

氯化法钛白主要有以下三大工艺过程：

（1）用高品位钛铁矿或天然金红石、人造富钛料，采用氯化工艺生产粗 $TiCl_4$；粗 $TiCl_4$ 经过提纯制取精 $TiCl_4$。

（2）精 $TiCl_4$ 气相氧化制取符合颜料性能的金红石型 TiO_2 粒子。

（3）后处理生产出适应不同用途的产品。

氧化工序工艺简单，流程短，但技术难度很大。从氯化精制车间来的精 $TiCl_4$ 气体需经预热，再送入 $AlCl_3$ 发生器，共同混合后，一起送至氧化炉，与此同时，氧气经过预热后，同时送入氧化炉，此外，该过程中还同时加入成核剂，通过甲苯或 CO 气体等燃烧供给反应热，在氧化炉内发生剧烈的、快速的、瞬间的气-气高温氧化反应，生成固体 TiO_2 颗粒和气体 Cl_2，TiO_2 颗粒需采取干法或湿法脱氯，湿法脱氯方法是在加水制浆后，于打浆槽中完成，干法脱氯方法是在流化床中完成，最终获得 TiO_2 粉料或浆料，即可送至后处理工序。

氯化法钛白生产工艺全流程如图 5-6 所示。

5.6 海绵钛生产工艺

生产海绵钛全部的生产流程包括：采矿→选矿→富集→氯化→精制→镁还原→真空蒸馏→取出、破碎、分级、混合→海绵钛产品。通常，全流程生产线是从冶炼氯化钛渣开始，然后制取四氯化钛，精制四氯化钛，金属镁还原四氯化钛，最后蒸馏获得海绵钛。攀钢集团的生产工艺是从四氯化钛制备开始，所用氯化钛渣原料是从攀钢钛冶炼厂外购的。镁热还原过程中具体的工艺流程如图 5-7 所示。镁热法生产海绵钛是利用镁从 $TiCl_4$ 中还原出钛，再将反应物进行真空蒸馏，将海绵钛、镁和氯化镁分离。

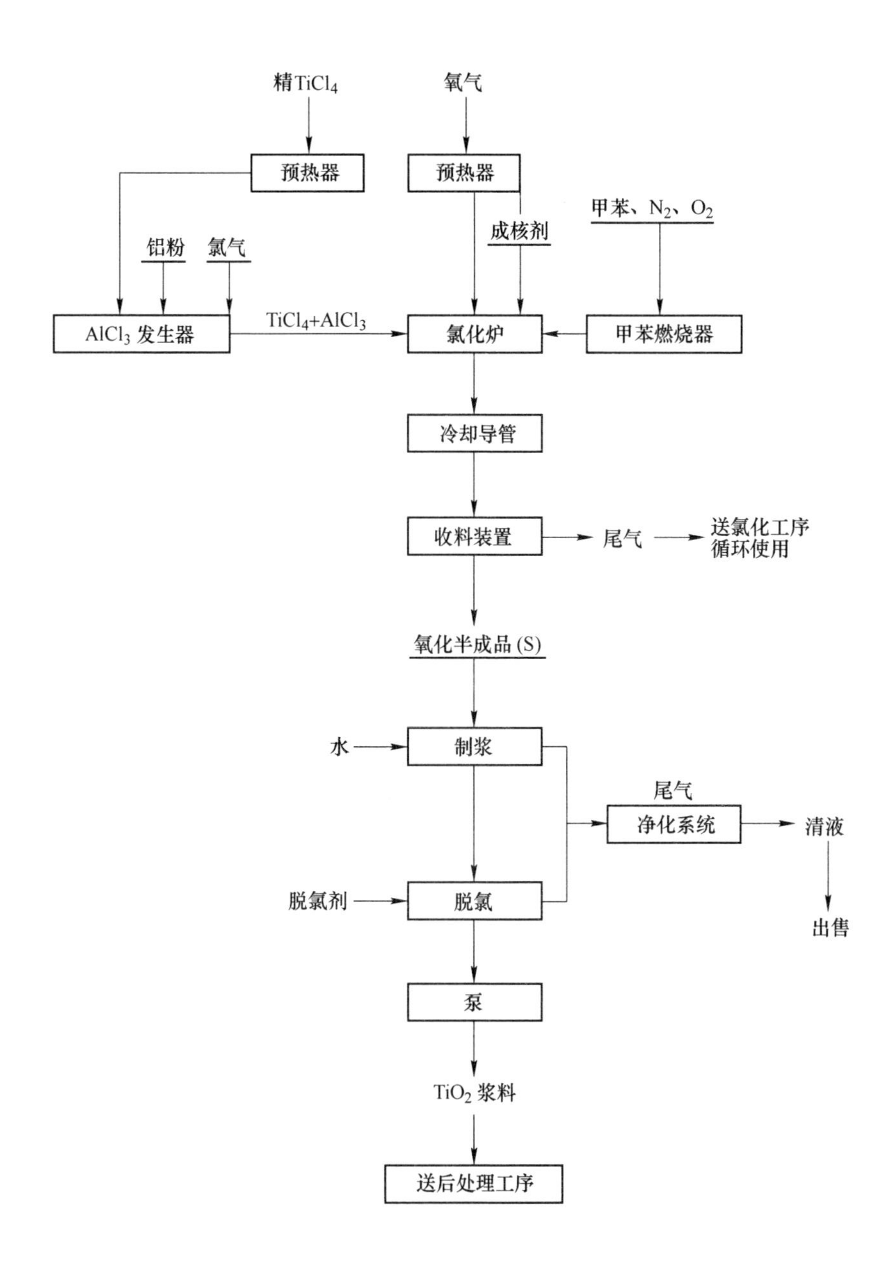

图 5-6 氯化法钛白生产工艺流程

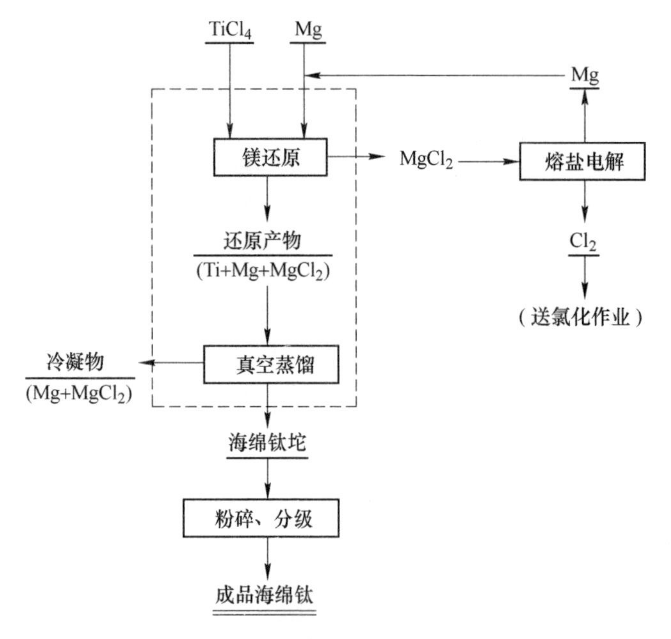

图 5-7 海绵钛生产工艺流程

5.7 钛锭熔炼工艺

钛及其合金的熔炼分为两类：真空自耗和真空非自耗熔炼。真空自耗熔炼主要包括真空自耗电极电弧熔炼、电渣熔炼、真空凝壳炉熔炼。非真空自耗熔炼主要包括真空非自耗电弧熔炼、电子束熔炼、等离子束（或等离子弧）熔炼等，后两种又称冷床炉熔炼。

目前，生产钛及其合金铸锭的方法依然是真空自耗电弧炉熔炼（VAR）为主，其次是EB炉法。首先用自耗电极作负极，铜坩埚作正极，在真空或惰性气氛中，将已知化学成分的自耗电极在电弧高温加热下迅速熔化，形成熔池并受到搅拌，一些易挥发杂质将加速扩散到熔池表面被去除，合金的化学成分经搅拌可达到充分均匀，最终熔炼出钛锭。钛和钛合金铸锭生产工艺流程如图5-8所示。

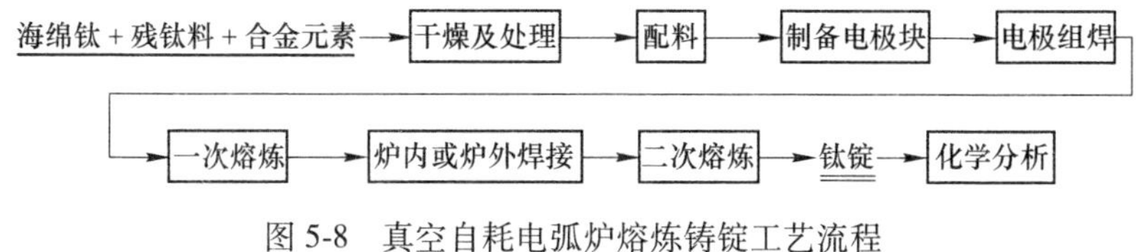

图 5-8 真空自耗电弧炉熔炼铸锭工艺流程

5.8 钛（合金）材成形工艺

钛材塑性成形方法和钢材等一样，也主要采用轧制、挤压、拉伸及锻造等四种基本方法。在这四个基本方法中，锻造是必不可少的，铸锭的开坯是首先要进行的工序，即钛的每种塑性成形均需首先使用锻造方法。其余的几种方法中，轧制用得较多，挤压主要用作管坯及型材的制造，拉伸主要应用在丝材的制备方面。

钛（合金）材塑性加工的一般工艺流程如图 5-9 所示，通过塑性变形可以加工出的钛（合金）材品种有：板材、棒材、锻件、管材、带材、型材、箔材、丝材及各种铸件、异形管件、粉末冶金件等。钛合金眼镜架的生产是典型的丝材精密加工过程。

钛的锻造是指在水压机、快锻机、汽锤、各种锻造机床上对钛金属坯料施加外力，使其产生塑性变形，达到改变尺寸、形状及改善组织性能的目的。用以制造机械零件、工件、工具或毛坯的成形加工方法。由于钛及钛合金冷变形困难，故在加工钛及钛合金产品时，通常需要加热。根据坯料的移动方式，锻造可分为自由锻、镦粗、挤压、模锻、闭式模锻、闭式镦锻等。

钛的轧制过程是靠旋转的轧辊与轧件之间形成的摩擦力将轧件拖进辊缝之间，并使之受到压缩产生塑性变形的过程。轧制过程除使轧件获得一定形状和尺寸外，还必须具有一定的性能。板、带、箔轧制有热轧、温轧和冷轧三种方法。热轧温度一般比锻造温度低 50~100℃。较厚的板材可采用热轧或温轧工艺，更薄尺寸的板材可用冷轧。钛及钛合金棒、线材轧制坯料需先经过熔炼、锻造而成。厚壁管材可用挤压或斜轧法生产。用带卷轧制方法生产板材，我国

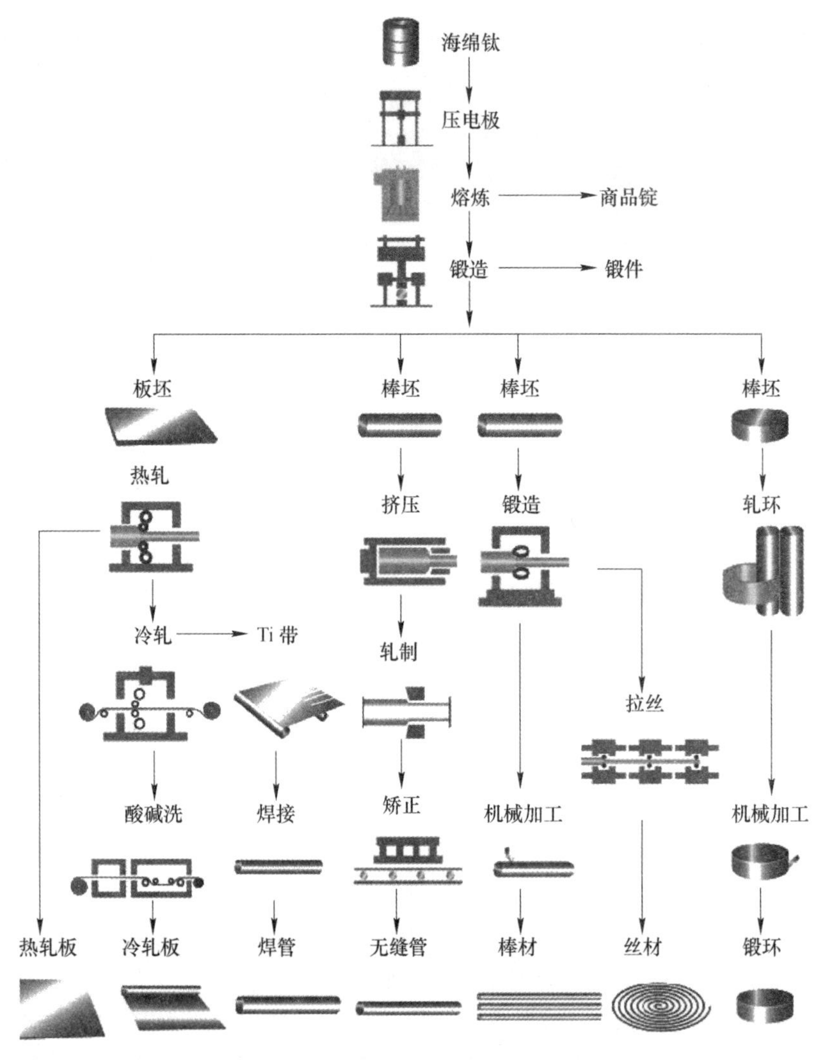

图 5-9 钛材塑性成形工艺流程

主要使用的坯料是通过真空自耗电弧熔炼获得的圆形铸锭，主要采用大吨位立式液压锻压机将圆坯铸锭热模锻成扁坯以便供轧制板材时使用。钛及钛合金环材轧制设备根据轧制中环形件位置分为立式轧环机和卧式轧环机两种。

挤压法可生产钛管、钛棒和钛型材。钛及钛合金的挤压设备主要是挤压机，按结构不同可分为立式挤压机和卧式挤压机两大类。钛及钛合金的无缝管坯一般采用热挤压或斜轧穿孔（二辊或三辊斜轧穿孔机）两种方法制备。钛合金管材挤压工艺主要包括穿孔和挤压两个过程。

拉伸是指金属钛坯料在拉拔力的作用下，通过截面积逐渐减小的拉伸模孔，获得与模孔尺寸、形状相同的制品的金属塑性成形方法。拉伸可生产钛管材、小直径钛棒材和丝材。目前广泛使用的管棒材拉伸机是链式拉伸机。

6 主要钛产品生产设备

6.1 钛渣生产设备

生产钛渣的设备主要有圆形电炉和矩形电炉两种。常见的圆形电炉有 6300kVA、12500kVA、25000kVA、30000kVA 等规格，国内的矩形电炉目前只有 30000kVA 规格。如图 6-1 所示。

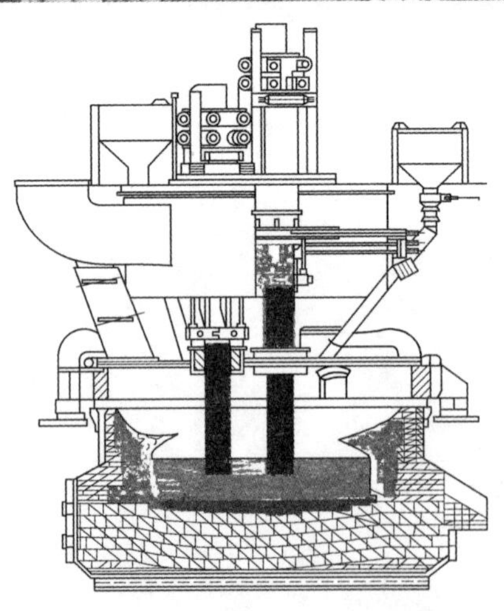

图 6-1 圆形电炉实景和示意图

6.2 硫酸法钛白生产设备

生产硫酸法钛白的设备很多，国内某6万吨/年规模的硫酸法钛白生产装置主体设备如表6-1所示。

表6-1 某6万吨/年钛白生产装置主体设备一览表

序号	名称	规　　格	材料
1	球磨机	ϕ2800mm，$L=5900$mm	组合件
2	酸解罐	$V_g=160m^3$，ϕ5300mm×11135mm	碳钢，耐酸砖
3	澄清槽	$V=500m^3$，10000mm×10000mm×4200mm	玻璃钢，耐酸砖
4	泥浆槽	$V=123m^3$，ϕ5600mm，$H=5000$mm，$F=6m^2$	碳钢、橡胶
5	泥浆板框	过滤面积 $F=250m^2$	碳钢、聚丙烯
6	钛液板框	$F=250m^2$	碳钢、不锈钢、PP
7	薄膜蒸发器	换热面积：$F=82m^2$	钛
8	水解槽	$V=112m^3$，ϕ5600mm，$H=5000$mm	碳钢、橡胶
9	上片、洗涤槽	6290mm×2440mm，$H_t=2200$，$V=33.5m^3$	钢、玻璃钢
10	叶滤机	叶片规格2140mm×1630mm，$n=30$， 过滤面积 $F=208.8m^2$	碳钢、PP
11	漂白罐	$V=62.4m^3$，$D=4000$mm，$H_t=5400$	钢，衬胶衬砖
12	叶滤机桥吊	$Q=2×20$t	碳钢
13	盐处理槽	$V=20m^3$	碳钢、橡胶
14	隔膜压滤机	过滤面积 $84m^2$，滤板1500mm×2000mm	组合件
15	煅烧窑、回转窑	ϕ4000mm，$L=80000$mm，$i=3.5\%$，燃烧器	碳钢，衬耐火砖
16	冷渣机	RC-D-15 * L	碳钢、不锈钢
17	辊压磨	$10m^3/h$	组合件

续表 6-1

序号	名称	规　　格	材料
18	砂磨机	V=1000L，成套设备国外引进	碳钢、不锈钢
19	表面处理罐	ϕ5500mm×5200mm，V=110m^3	钢、耐酸瓷砖
20	隔膜压滤机	过滤面积：500m^2，1500mm×2000mm	组合件
21	闪蒸干燥器	ϕ1850mm×2500mm，热风炉，除尘器	
22	气流粉碎机		组合件
23	包装机	25kg/袋	组合件
24	除盐水系统	制水能力：100t/h	
25	煤气炉	ϕ3200mm	
26	空气压缩机	排气量 40m^3/min，排气压力 0.4MPa	
27	离心式压缩机	200m^3/min	
28	煅烧尾气废锅	蒸发量 10t/h	

6.3 四氯化钛的生产设备

四氯化钛的主体生产设备有沸腾氯化炉、熔盐氯化炉、收尘器、淋洗塔、冷凝器、高位槽、过滤器、尾气吸收塔、浮阀塔、蒸馏釜等。

沸腾氯化炉

目前国内采用的沸腾炉型多为圆柱形沸腾床。分沸腾段、过渡段、扩大段和氯气分配室四个部分。沸腾氯化炉如图 6-2 所示。沸腾氯化炉又可分为有筛板氯化和无筛板氯化两种。

熔盐氯化炉

熔盐氯化是将待氯化粉状物料（钛渣）从上部加入熔盐氯化炉

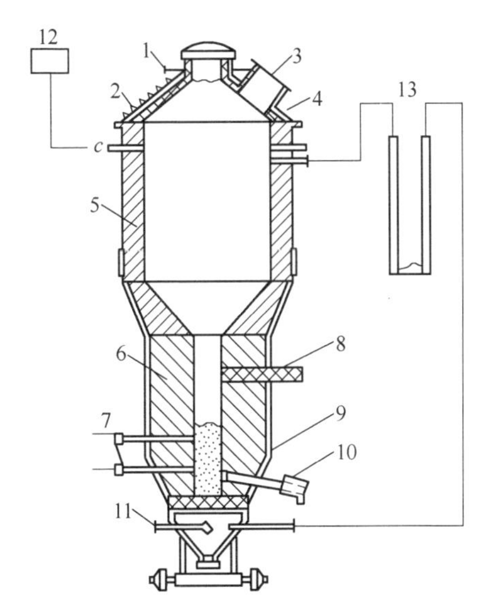

图 6-2 沸腾氯化炉示意图

1—炉盖喷水管；2—水冷炉盖；3—炉气出口；4—挡水板；5—扩大段炉衬；
6—反应段炉衬；7—热电偶；8—加料器；9—筛板；10—放渣口；11—氯气入口管；
12—高温计；13—压力计

(其结构如图 6-3 所示) 内，气体氯气以一定流速从底部通过熔盐与物料的混合层，利用熔盐的循环运动及氯气与气体反应的鼓泡搅拌作用，使待氯化物料、还原剂碳和氯气充分接触发生氯化反应。

精制设备

粗四氯化钛精制设备主要是浮阀塔和蒸馏釜。图 6-4 为浮阀塔工作示意图。

6.4 氯化法钛白的生产设备

氯化法钛白的主体生产设备主要是四氯化钛气相氧化炉，包括：四氯化钛预热器、氧气预热器、三氯化铝发生器和氧化反应器，其中氧化反应器是 $TiCl_4$ 气相氧化技术的核心设备，它关系到氧化产品

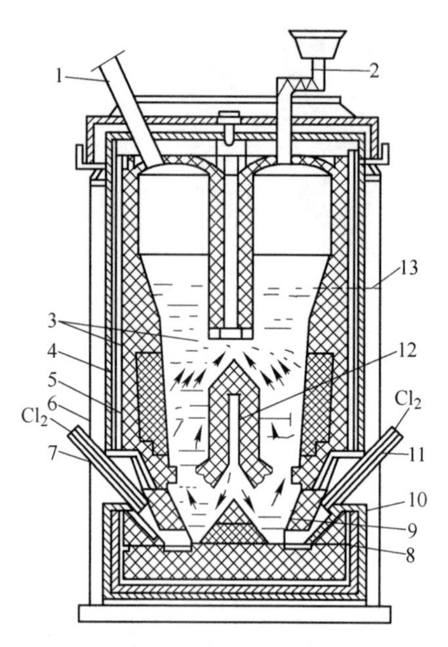

图 6-3 熔盐氯化炉简图

1—气体出口；2—加料器；3—电极；4—水冷空心；5—石墨保护壁；6—炉壳；7—氯气管；8—侧电极；9—中间隔层；10—水冷填料箱；11—通道；12—分配用耐火砖；13—热电偶

是否具有良好的颜料性能、高的使用价值。高速气流再配以加盐除疤式的氧化炉如图 6-5 所示。国内首家氯化法钛白生产企业中信锦州钛业公司的氯化钛白生产线的气相氧化设备等关键工序，经过了锦州钛业、中科院过程所和攀钢研究院等单位艰苦的联合攻关，最终顺利达产。

6.5 海绵钛生产设备

镁热法生产海绵钛的装置主要包括：还原加热炉、还原反应器、供给 $TiCl_4$、氩气和水的体系及其管路系统、控制与调节工艺过程用仪表、真空系统等。

还原—蒸馏一体化设备，分为倒“U”型和“I”型两种。倒

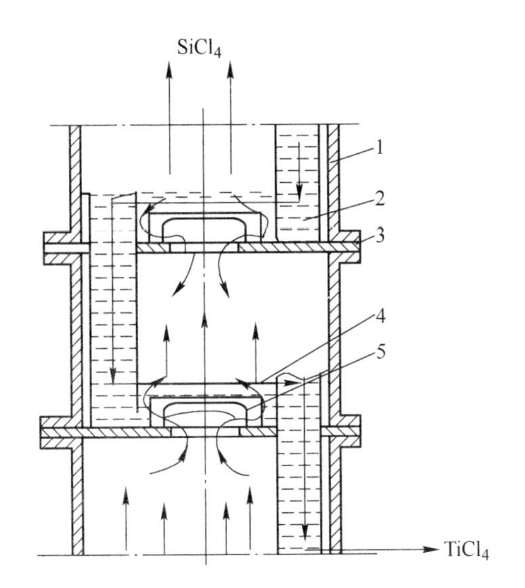

图 6-4 浮阀塔工作示意图

1—塔节；2—溢流管；3—塔板；4—浮阀；5—支架

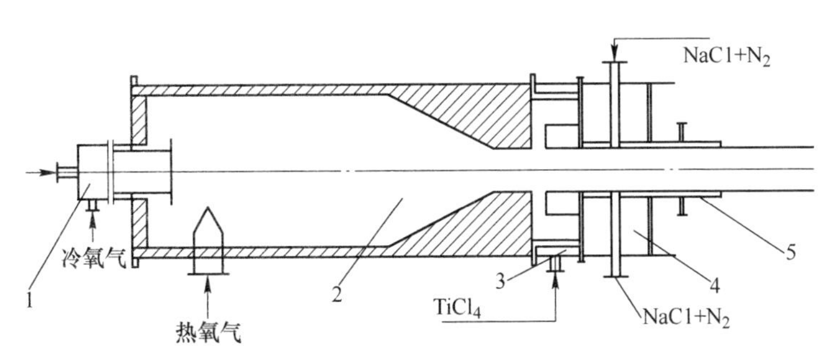

图 6-5 高速气流、加盐除疤式氧化炉结构

1—甲苯燃烧器；2—燃烧室；3—混合气体喷口；

4—加 NaCl+N_2 除疤系统；5—冷却导管

“U”型设备是将还原罐（蒸馏罐）和冷凝罐之间用带阀门的管道连结而成，设专门的加热装置，整个系统设备在还原前一次组装好。倒“U”型还蒸炉如图 6-6 所示。还蒸炉内的反应如图 6-7 所示。生产海绵钛的还原—蒸馏车间实景如图 6-8 所示。

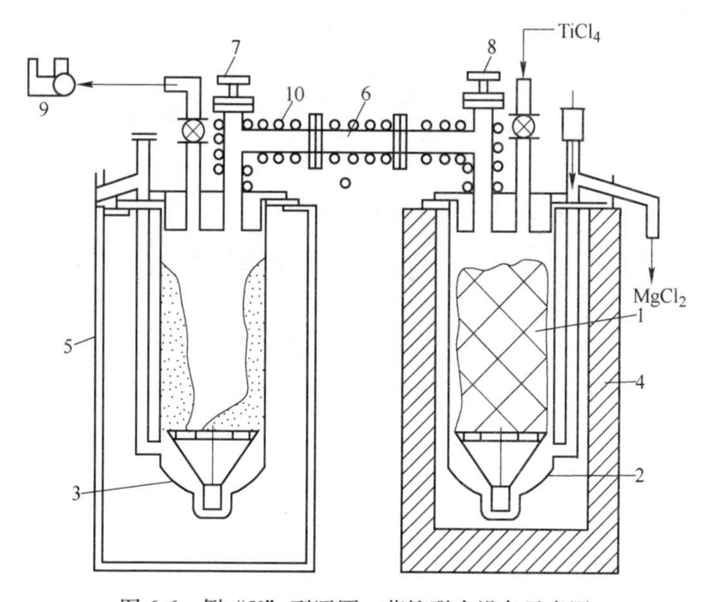

图 6-6 倒“U”型还原—蒸馏联合设备示意图

1—还原产物；2—还原-蒸馏罐；3—冷凝器；4—加热炉；5—冷却器；6—联结管；7，8—阀门；9—真空机组；10—通道加热器

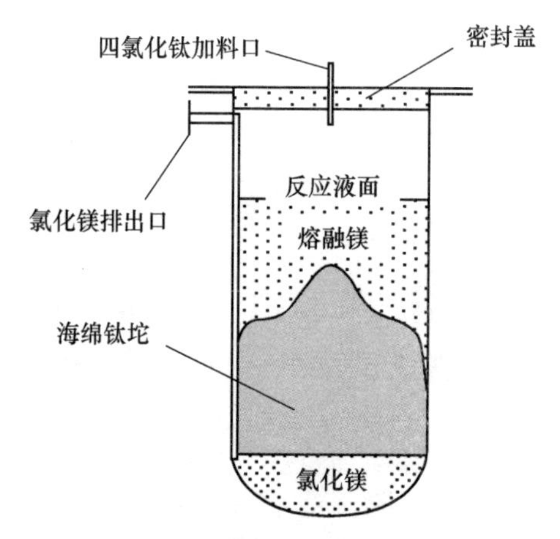

图 6-7 还蒸炉内还原反应过程

图 6-8 海绵钛还原—蒸馏炉车间

6.6 钛（合金）锭生产设备

钛及其合金的熔炼设备主要是真空自耗电极电弧炉（VAR）和电子束熔炼炉（EB），如图 6-9 所示。

真空自耗电极电弧炉

电子束熔炼炉

图 6-9　钛锭熔炼设备

6.7　钛（合金）材成形设备

典型的钛材锻造设备是快锻机、水压机，如图 6-10 所示。轧

图 6-10　钛材锻造设备

制设备有冷轧机、热轧机等，轧制过程和设备如图 6-11 所示。挤压机主要由三大部分组成：机械部分、液压部分和电气部分。卧式挤压机按挤压方式分为正向挤压机、反向挤压机、联合挤压机，按用途形式分为棒型挤压机、管铝挤压机，按结构形式分为单动式挤压机、复动式挤压机；主要工作部件的运动方向与地面平行，如图 6-12 所示。链式拉伸机是拉伸管材的通用设备，用于管坯的冷拔工序，整个拉伸过程是借助于被加工金属前端所施的拉力来实现的。

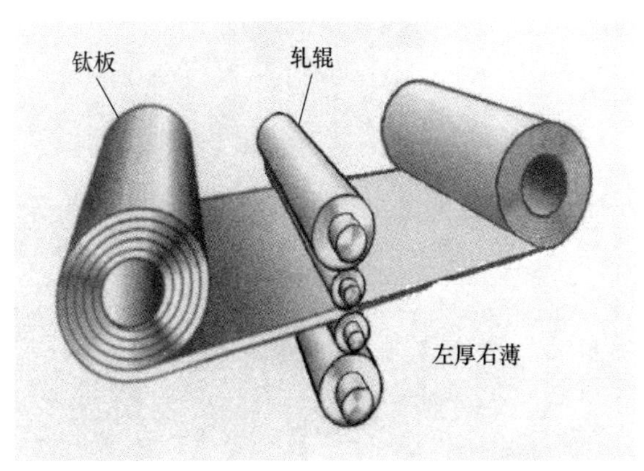

图 6-11　热轧机（上）及轧制过程示意（下）

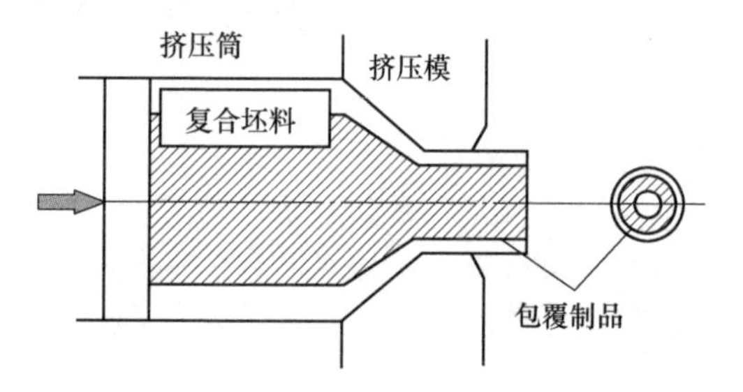

图 6-12　卧式挤压机（上）及挤压过程示意（下）

7 主要钒产品

7.1 钒产品分类

由钒矿物通过各种生产工艺流程可以获得如下钒产品：

- 含钒铁水；
- 钒渣；
- V_2O_5；
- V_2O_3；
- 钒铁（FeV）；
- 钒氮合金（VN）；
- 金属钒；
- VO_2；
- 碳化钒。

几种钒产品的工艺流程关系：

钒渣 → [除杂提纯] → V_2O_5 → [还原] → V_2O_3 → [还原] → 金属钒

钒是一种高熔点难熔稀有金属，其主要产品形式有：五氧化二钒、三氧化二钒、钒铁、氮化钒等。其中，五氧化二钒和三氧化二钒是实际生产中最主要的氧化钒，是制取诸如钒铁、氮化钒和碳化钒等后续钒制品的主要原料。

钒的产品分为初级产品、二级产品和三级产品。初级产品包括含钒矿物，精矿、钒渣、报废的石油精炼的废催化剂，报废的触媒和其他残渣。二级产品包括五氧化二钒，也可以是一种可用的工业产品，即生产硫酸的触媒和石油精炼用的催化剂。三级产品包括钒铁、钒铝合金、钼钒铝合金、硅锰钒铁合金及钒化合物。其中，钒铁是最重要的钒材料，它占钒消费量的85%。

7.2 钒产品的主要用途

主要钒产品中，钒渣作为生产 V_2O_5 的原料；V_2O_5 用于生产 V_2O_3、生产 FeV，作为化工行业催化剂；V_2O_3 用于生产 FeV，作为化工行业催化剂；FeV 作为合金元素大量应用于钢铁中，提高金属件的强度等性能，如重轨、飞机。此外，钒还用在薄膜材料、电池材料领域。总之，钒产品的两大主要用途是：在钢中作为合金强化剂、在化工行业作为催化剂。

钒工业的大致流程如图 7-1 所示。

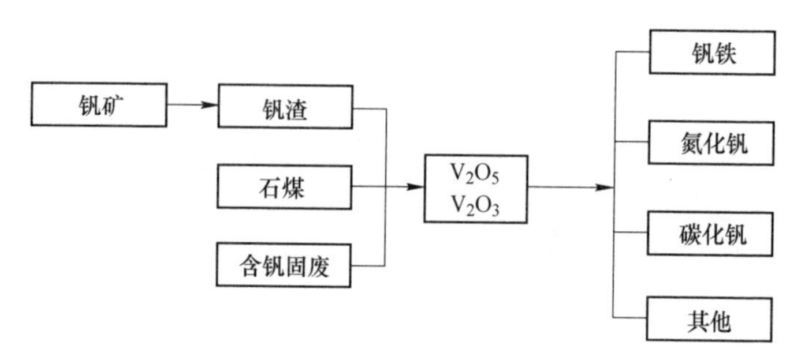

图 7-1 钒工业的基本流程

7.3 钒产品术语

钒渣

在转炉炼钢过程中往铁水中吹氧，使铁水中的金属钒氧化为 V_2O_5，从而与铁水分离，形成 V_2O_5 品位较高的混合料，称为钒渣（vanadium slag）。国内的钒渣几乎全部来自于攀钢、承钢的转炉铁水吹炼，其品位（V_2O_5 含量）一般为16%~22%。钒渣外形如图7-2所示。

图 7-2 钒渣产品

五氧化二钒

以钒渣为原料，通过回转窑焙烧、浸取、提纯、熔化后获得的 V_2O_5 品位较高（>90%）的物料，称为五氧化二钒（vanadium pentoxide）。五氧化二钒产品为灰褐色的片状物或橘黄色粉状物，粉末五氧化二钒产品为橘黄色粉末，外形如图 7-3 所示。五氧化二钒是最重要的钒氧化物，是制取钒合金的原料，高纯氧化钒主要用于高端钒合金的冶炼、硫酸氧钒的制备、钒电池电解液的制备、高端的钒催化剂的制备等。

三氧化二钒

以五氧化二钒为原料进一步还原后得到的产物称为三氧化二钒（vanadium oxide）。三氧化二钒产品为黑灰色粉状物，堆积密度约为 $1.1g/cm^3$，外形如图 7-4 所示。攀钢产品的质量采用内控标准。三氧化二钒是钒产品深加工的基本原料之一，可替代五氧化二钒制取钒合金，或直接用于生产热元件等电子产品，同时可作为加氢、脱氢反应的催化剂。

图 7-3 五氧化二钒产品（片状）

图 7-4 三氧化二钒产品

钒铁合金

钒铁产品通常为粒度不大于 50mm×50mm 呈金属光泽的块状物，外形如图 7-5 所示。钒铁产品质量一般采用 GB/T 4139—2004 标准。

钒铁在钢铁工业中用作合金剂，以调整钢的成分，改善其组织结构、热锻性、强度、耐磨性、塑性和焊接性。其中，FeV80 除作合金添加剂外，还用作有色合金的添加剂。

50 钒铁 (FeV50)

80 钒铁 (FeV80)

图 7-5 钒铁产品

钒氮合金

钒氮合金产品粒度通常为 10～40mm，表观密度一般不小于 3.0g/cm^3，呈块状物，外形如图 7-6 所示。钒氮合金产品质量通常采用 GB/T 20567—2006 标准。钒氮合金被誉为钢铁“味精”，作为钢的合金添加剂，既可改善含钒微合金钢的组织，提高钢的强度，又不影响钢的塑韧性，同时提高钒的使用效率，使钢材生产企业节约 20%～40%的钒消耗，钢材用户节约 10%～15%的钢材用量。

图 7-6　钒氮合金产品

钒铝合金

钒铝合金产品为银灰色块状，外形如图 7-7 所示。攀钢集团等许多公司采用了德国 GfE 公司的航空航天级 VAl50 标准和 YS/T 579—2006 标准。钒铝合金是制造钛合金的原料。其中，钛合金中应用最多的合金 Ti-6Al-4V（即 TC4）是用含钒 48%、54%或 65%的钒铝合金生产的。

氮化钒铁

氮化钒铁为银灰色块状，外形如图 7-8 所示。在暂无国标情况

图 7-7 钒铝合金产品

下，攀钢产品采用内控标准。氮化钒铁是一种新型的钒合金添加剂，加入钢中可显著提高钢的耐磨性、耐腐蚀性、韧性、强度、延展性、硬度及抗疲劳性等综合力学性能，并使钢具有良好的可焊接性能。

图 7-8 氮化钒铁产品

偏钒酸铵

偏钒酸铵产品为淡黄色结晶粉末，外形如图 7-9 所示。在暂无国标情况下，攀钢产品采用自控标准。偏钒酸铵主要用于化学试剂、催化剂、媒染剂、陶瓷和玻璃的着色剂以及生产 V_2O_5、钒铁的原料等。

图 7-9 偏钒酸铵产品

多钒酸铵

多钒酸铵产品为淡黄色粉末，外形如图 7-10 所示。在暂无国标情况下，攀钢产品采用自控标准。多钒酸铵主要用于催化行业和陶瓷行业，也可用于生产五氧化二钒或三氧化二钒等产品。

图 7-10 多钒酸铵产品

8 主要钒产品生产工艺流程

8.1 钒产品生产原则流程

富含钒的物料（如钒渣、石煤）经钠化（钙化）焙烧后，通过酸浸、碱浸等湿法冶金过程，生产五氧化二钒或三氧化二钒产品，再经铝热法、硅热法等熔炼生成钒铁合金、钒铝合金，经碳还原法可生产碳化钒、氮化钒等深加工产品。五氧化二钒或三氧化二钒可作为化工催化剂，钒铁、钒铝合金及钒氮合金可作为炼钢添加剂。

几种含钒原料生产钒产品的原则工艺流程如图 8-1 所示。

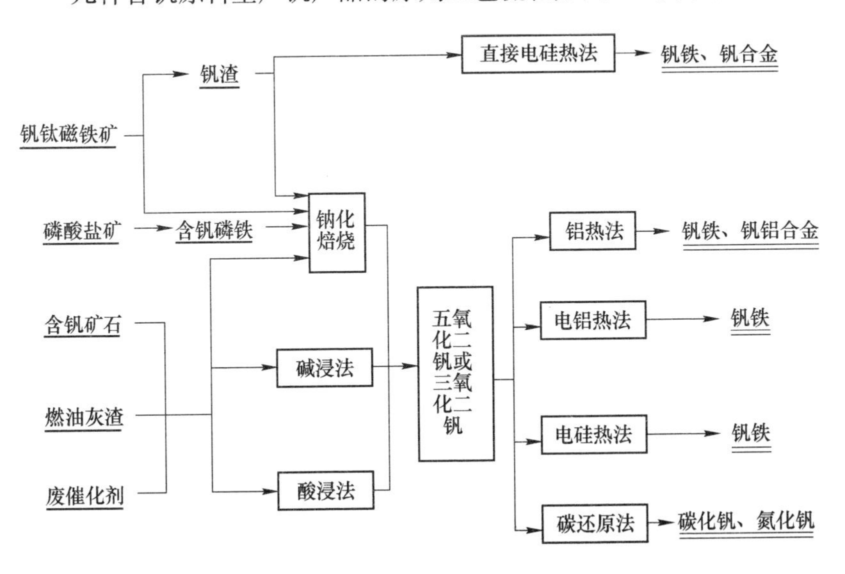

图 8-1　几种含钒原料生产钒产品的原则工艺流程

8.2 含钒铁水吹炼钒渣工艺

提钒原料主要是钒钛磁铁矿，其次是石煤。钒钛磁铁矿主要分布在攀西和承德地区，石煤矿广泛分布于陕西、湖南等广大地区。要从钒钛磁铁矿中回收钒，首先需将钒钛磁铁矿在高炉或电炉中冶炼出含钒铁水。钒钛磁铁矿的火法提钒工艺流程如图 8-2 所示。

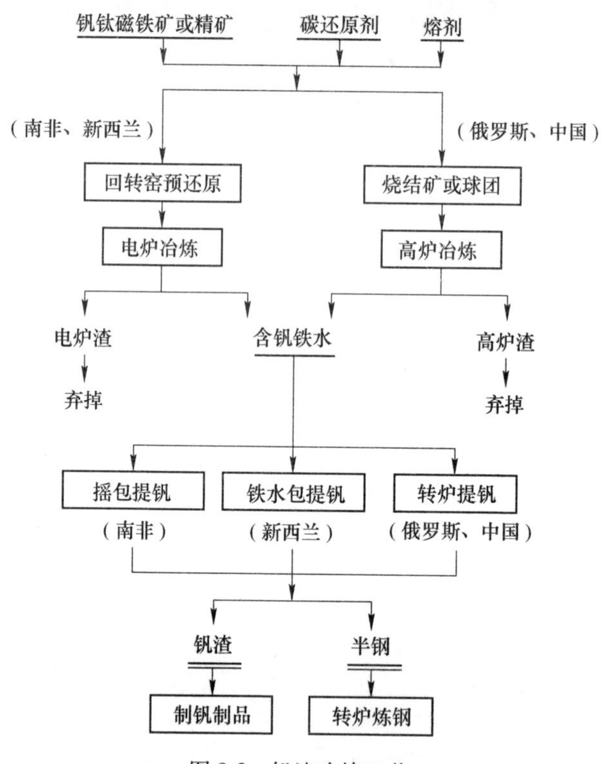

图 8-2 钒渣吹炼工艺

8.3 五氧化二钒生产工艺

五氧化二钒的生产一般是以钒渣作为原料，而以钒渣作为原料生产五氧化二钒主要包括：原料预处理、焙烧、钒溶液的分离净化、钒溶液沉淀结晶和钒酸盐分解、干燥及熔炼 5 个工序，工艺流程如图 8-3 所示。2015 年，我国攀钢集团西昌分公司首创了国内领先的钙化提钒清洁生产技术。

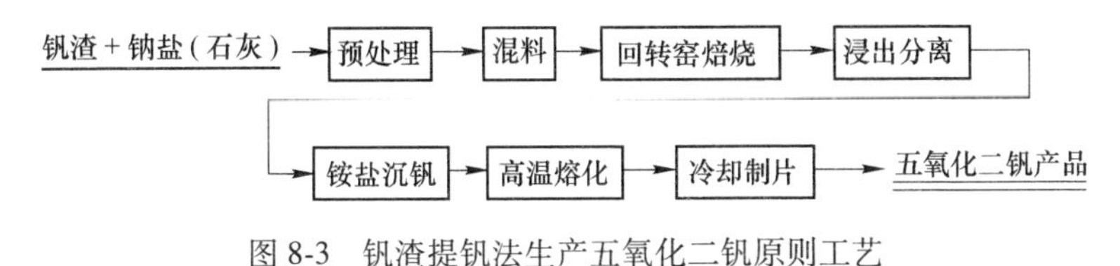

图 8-3　钒渣提钒法生产五氧化二钒原则工艺

8.4　三氧化二钒生产工艺

三氧化二钒是在沉钒得到多钒酸铵后增加了干燥和还原工艺，由干燥、煅烧、还原、造粒等工序组成。其生产流程如图 8-4 所示。

8.5　钒铁冶炼

钒铁冶炼方法，以还原剂或热源不同来区分：通常分为硅热法、铝热法、碳热法三种。电硅热法冶炼操作分还原期和精炼期两步。冶炼都是在电弧炉内进行，容量一般为 840~1800kVA，分还原期和精炼期，还原期又分为二期冶炼和三期冶炼法，用过量的硅铁还原上炉的精炼渣，至炉渣中含 V_2O_5 低于 0.35%，从炉内排出废渣开始精炼，再加入五氧化二钒和石灰等混合料精炼。当合金中硅含量小于 2%时出炉，排出的精炼渣含 $V_2O_5$10%~15%，返回下炉使用。电硅热法冶炼钒铁的工艺如图 8-5 所示。

8.6　氮化钒合金的生产工艺

工业上生产氮化钒的整体工艺路线情况如下：

(1) 生产氮化钒的原料：V_2O_3 或多钒酸铵。

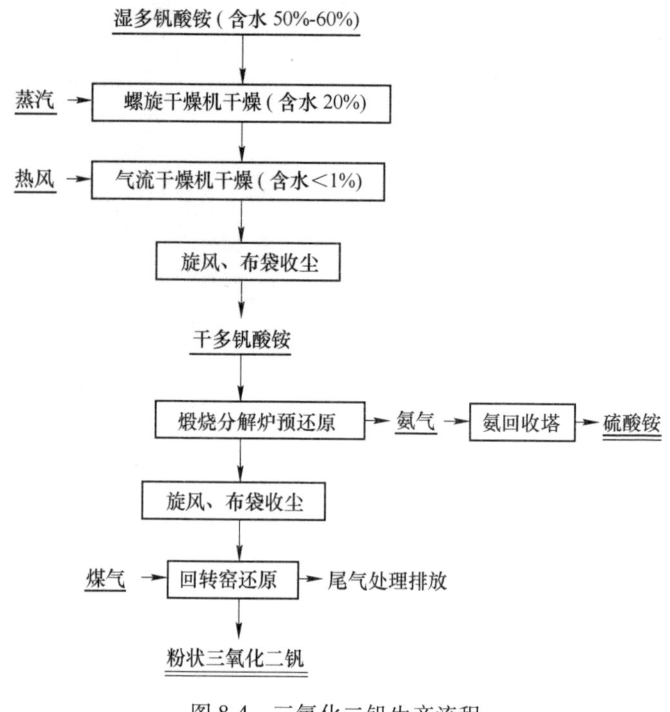

图 8-4　三氧化二钒生产流程

（2）生产氮化钒的辅料：还原剂（H_2、N_2 和天然气的混合气体，或 NH_3 与天然气的混合气体）。

（3）最终产品：钒合金添加剂——煤球状氮化钒。

（4）生产氮化钒的主体设备：真空炉、流动床等。

（5）生产氮化钒的工艺：真空还原法。

8.7　碳化钒合金的生产工艺

工业上生产碳化钒的整体工艺路线情况如下：

（1）生产碳化钒的原料：V_2O_3 或 V_2O_5 或多钒酸铵。

（2）生产碳化钒的辅料：还原剂（炭粉、炭黑、木炭、煤焦、丙烷、天然气）。

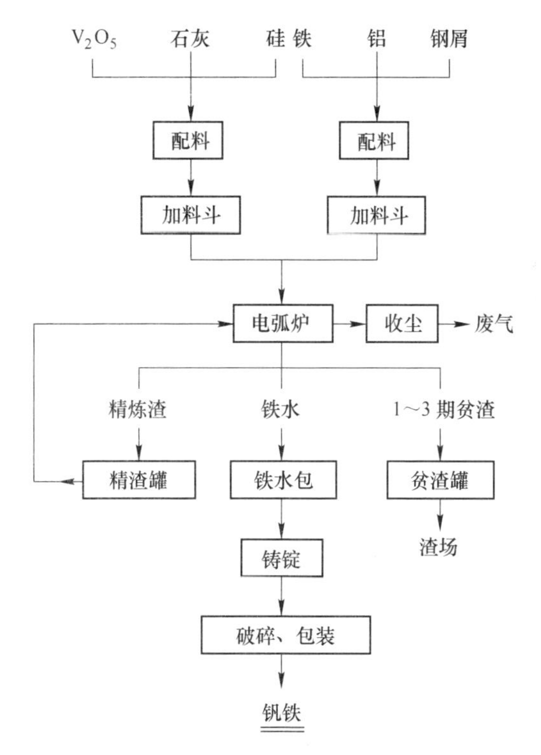

图 8-5 电硅热法冶炼钒铁的典型工艺

（3）最终产品：钒合金添加剂——粉状碳化钒。

（4）生产碳化钒的主体设备：回转窑、坩埚、真空炉。

（5）生产碳化钒的工艺：真空还原法。

8.8 石煤提钒传统工艺

采用钠化焙烧工艺：NaCl 焙烧—水浸—酸沉粗钒—碱溶铵盐沉钒—热解脱氨制得精钒。

优点：工艺流程简单，工艺条件不苛刻，设备简单，投资少；

缺点：钒总回收率低（不到 45%），资源综合利用率低，产生严重 HCl、Cl_2 和 SO_2 烟气污染，沉粗钒后的废水是严重的污染源，平窑占地面积大、生产能力小。

传统工艺如图 8-6 所示。现在已出现了“空白焙烧—酸浸—净化—沉钒—制精钒工艺”等多种新工艺。

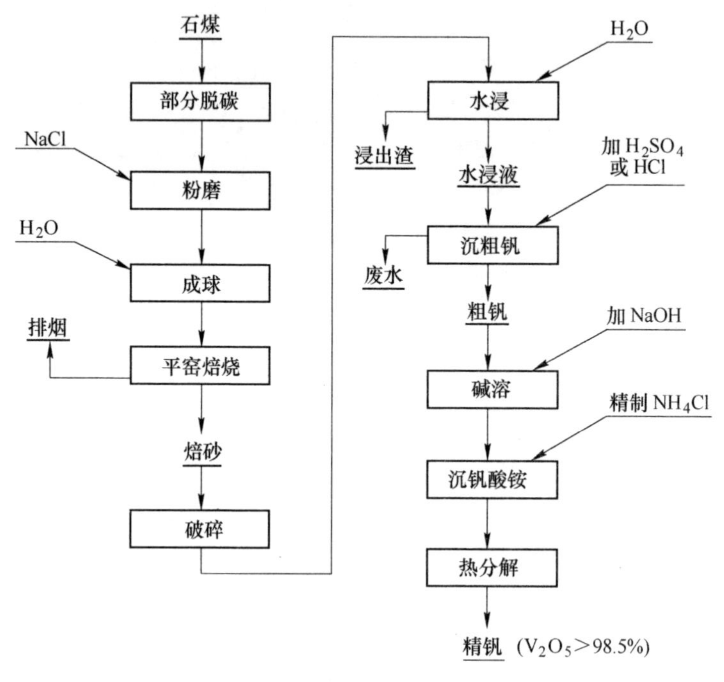

图 8-6 石煤提钒传统工艺

9　主要钒产品生产设备

9.1　含钒铁水吹炼钒渣的设备

提钒的主体设备是炼钢转炉。以攀钢转炉提钒主要设备为例，典型的设计工艺参数：公称容量 120 吨，设计炉产半钢 138 吨，提钒周期 30min/炉，纯吹氧时间 8min，日提钒最大炉数 68 炉，设计年产钒 11 万吨，半钢 295 万吨。提钒转炉主要设备有冷却料供应系统、转炉及其倾动系统、氧枪系统、烟气净化及回收系统、挡渣镖加入装置等。

炼钢提钒转炉和氧枪如图 9-1 和图 9-2 所示。

图 9-1　炼钢提钒转炉

图 9-2 氧枪喷头

9.2 钒渣生产五氧化二钒的设备

原料预处理阶段的主要典型设备：(1) 颚式破碎机；(2) 球磨机；(3) 电磁给料机；(4) 磁选机；(5) 混料机；(6) 空压机。

焙烧工序的主要典型设备：(1) 回转窑；(2) 煤气发生炉；(3) 静电除尘器。

钒的浸出与净化工序的主要典型设备：(1) 冷却机；(2) 浸出过滤槽；(3) 真空泵。

沉淀工序的主要典型设备：(1) 沉淀罐；(2) 板框压滤机。

熔化工序的主要典型设备：(1) 熔化炉（其结构如图 9-3 所示）；(2) 吊车；(3) 制片机。

9.3 钒铁合金生产设备

硅热还原法生产钒铁，在铁合金电炉里进行熔炼，代表型容量为：840~2500kVA，典型的电压为150~250V，电流为4000~4500A。炉盖、炉底和炉壁用镁砖砌筑。使用石墨电极操作，电极直径200~250mm。

冶炼钒铁的电弧炉如图 9-4 所示。

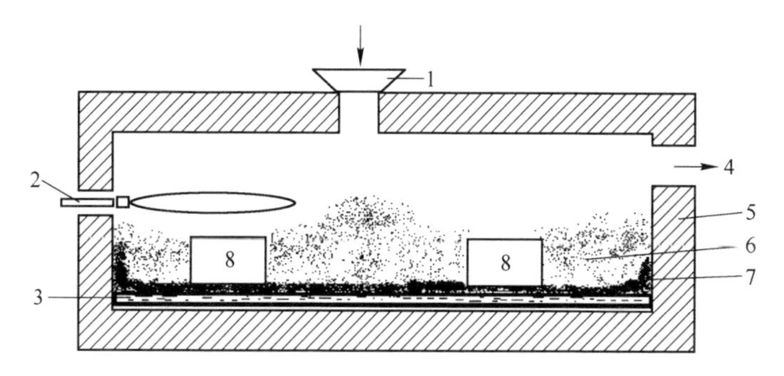

图 9-3　熔化炉结构示意图

1—进料口；2—喷枪；3—水冷炉底；4—烟气出口；5—炉体；
6—炉料；7—熔化层；8—炉门（出铁口）

图 9-4　冶炼钒铁的电弧炉

9.4　钒氮合金生产设备

钒氮合金主要生产设备包括双道氮气保护推板窑、摆式磨粉机、干混料机、湿混料机、成型设备、隧道式两孔干燥窑等。推板窑如图 9-5 所示。国内有攀钢钒钛股份、攀枝花向阳钒业、雅安双荣公司等多家企业生产钒氮合金。

图 9-5　推板窑

全钒液流氧化电池（简称钒电池）是国内钒产业下一步重点开发的产品，其生产工艺和设备处于进一步优化完善之中。

10 钒钛资源与产品开发新技术

10.1 钒钛磁铁矿共（伴）生稀贵金属规模化提取

钒钛磁铁矿中含有储量可观的铬、钴、镍、铜、镓、锗以及钪、钇、稀土、硫、碲、铋、铂族等资源，是我国难得的稀、贵金属资源的宝库。通过选冶流程后，这些共（伴）生稀贵元素主要分流到了尾矿库、高炉渣、钛白副产废酸等废副资源中。

国内开展了许多解决规模化提取利用钒钛磁铁矿伴生稀贵元素提取难题的研发。利用钛白废酸、尾矿坝尾矿浆、烧结烟尘、表外矿、高炉渣等二次资源，采用湿法冶金技术，回收其中的钴、钪、镍、锌、钛等稀贵金属，形成氯化钴、碳酸镍、电解锌、氧化钪等产品，最终实现钒钛共（伴）生资源高效清洁循环利用，释放稀贵元素巨大的市场价值。

对于年产 5000 吨氯化钴、3000 吨的碳酸镍、2000 千克电解锌、5000 千克氧化钪以上规模的生产线，年产值估计 20 亿元以上。

10.2 高钛型高炉渣高温碳化—低温氯化提钛

以钒钛磁铁矿为原料冶炼钢铁时，排放的高炉渣中含 TiO_2 高达 21%～25%，年排放量达 300 多万吨，这些钛是非常可观的战略资源和宝贵的财富。但由于高炉渣中钛元素分布分散，使得钛难以回收利用。

自 1970 年攀钢投产以来，国家、省、市、攀钢集团一直在探索高钛型高炉渣的技术研究。2008 年攀钢在前期研究成果的基础上，自主设计建设高钛型高炉渣高温碳化、低温选择性沸腾氯化制备年产 1 万吨精 $TiCl_4$ 的中试生产线，并于 2009 年建成投产。其中，碳化工艺，通过系统的试验研究，形成了热装高炉渣高温碳化的操作工艺制度，解决了高钛型高炉渣热送热装、电炉大型化设计、碳化工艺过程控制和碳化终点判断及碳化渣冷却破碎等产业化关键技术难题，连续稳定试验高炉渣中钛的碳化率平均为 88.4%，吨渣冶炼电耗为 1313kWh。2017 年，攀钢高炉渣提钛产业化示范项目低温氯化工程建成投产。图 10-1 为攀钢高炉渣高温碳化中试线碳化渣产品出炉场景。

图 10-1　高钛型高炉渣高温碳化中试线碳化渣产品出炉

该技术旨在解决高炉渣中钛的规模化利用技术难题。采用热装高钛型高炉渣经高温碳化后生成碳化钛，再在较低温度下通入氯气进行氯化，生成四氯化钛，可作为海绵钛或氯化钛白生产的原料，成本预计较常规四氯化钛低 30%。对于一期工程形成年产 4 万吨四氯化钛的生产线，年产值估计 2.5 亿元。二期工程形成年产 10 万吨四氯化钛的生产线，年产值估计 6 亿元。项目成功后，后续产业链上的海绵钛或氯化钛白产品将在国内外具有强大的成本竞争力。

10.3 钒钛磁铁矿非高炉冶炼新流程

非高炉流程的目的是解决钒钛磁铁矿高效综合提取铁、钒、钛技术难题。主要有全氧冶金流程、转底炉流程、竖炉流程、隧道窑流程、流化床流程、回转窑流程等非高炉冶炼方法。在非高炉处理钒钛磁铁矿的上述工艺技术中，目前最主要的两种工艺技术是转底炉直接还原—电炉熔分、气基竖炉直接还原—电炉熔分，这两种工艺技术流程都有许多关键、共性技术尚未突破，需要进一步研究开发，需要进一步进行基础研究和技术开发。

钒钛磁铁矿煤基转底炉直接还原—电炉熔分工艺技术

该工艺为钒钛磁铁矿综合利用提供了另一条途径，将钒钛磁铁矿配碳制成含碳球团，在转底炉内直接还原得到 DRI，然后热装入电炉熔分。该工艺主要使用煤炭，可以利用我国的煤炭资源优势。虽然配碳带入一部分灰分，降低了渣中 TiO_2 含量，但与高炉冶炼相比，电炉渣中 TiO_2 含量有望达到 50%左右，可以直接利用。目前，该工艺尚处于试验研究阶段，许多技术、设备问题还需要解决，电炉熔分也要消耗一部分电能。

钒钛磁铁矿煤基转底炉直接还原生产粒铁工艺技术

该工艺有可能是一种可行的新工艺技术，这种工艺可以省去电炉熔分工序，大幅度降低能耗和生产成本。目前，对钒钛磁铁矿采用转底炉生产粒铁的技术开发还是空白。前期试验表明，对于攀枝花钒钛磁铁矿，采用转底炉生产粒铁的难度很大。而且转底炉生产粒铁还有许多关键、共性技术尚未突破，亟待开展科技攻关和技术研发。

钒钛磁铁矿气基竖炉直接还原—电炉熔分工艺技术

国外竖炉流程所产还原铁，已占全球还原铁的 77%，年产量约 5700 多万吨；国内山西、内蒙古竖炉流程项目正在紧锣密鼓的筹备中；冶炼钒钛磁铁矿竖炉工艺技术有望富集得到较高品位的 TiO_2 炉渣，有可能直接进行 TiO_2 渣的高附加值利用。

该工艺是综合回收铁、钒、钛的方法之一，是将钒钛磁铁球团矿在竖炉中预还原，还原得到的金属化球团在电炉中熔分。由于气基竖炉还原的氧化球团不必配入 CaO 系熔剂，电炉高温熔分带入的杂质也很少。所以，熔分后的含钛炉渣 TiO_2 含量有望达到 50%以上，比高炉渣高一倍（建议钛渣分离后另外加入精炼渣进一步脱除硫和磷），可以直接用于 TiO_2 的提取或高附加值利用。但是，由于我国天然气资源缺乏，大型气基竖炉直接还原工艺一直没有得到发展和建设，钒钛磁铁球团矿竖炉直接还原的研究尚属空白。

20 世纪 70 年代，国内多家科研单位、大专院校，在著名炼铁专家蔡博等老一辈主持下进行了从小试直到半工业试验，基本上打通了流程。完成了竖炉气基还原实验室试验、0.2m^3 竖炉小型实验、5m^3竖炉半工业试验及金属化球团电炉熔分试验。半工业试验中获得到了近百吨金属化率 75%~90%的金属化球团，平均含硫仅 0.022%的优质炼钢生铁及平均含二氧化钛 49.2%的钒钛渣。因此，竖炉气基还原流程比其他非高炉流程更适合于攀枝花钒钛磁铁矿钛资源的综合回收。

2012 年，国外普通铁矿竖炉气基还原流程生产的还原铁占全球直接还原铁的 77%，年产约为 5700 万吨。当前，天然气还原普通铁矿的竖炉，单体设备规模最大的可达年产金属化球团 250 万吨（美国纽柯钢厂），远比其他非高炉流程实现工业化规模生产的条件优越。

近几年，以焦炉煤气及煤制合成气为气源的竖炉直接还原工艺受到重视，有望为钒钛磁铁矿气基竖炉直接还原提供新的发展机遇。总之，钒钛磁铁矿的综合回收利用的难度很大，需要深入开展技术创新及实验研究，进行理论和工艺方面的研究开发。

目前较有产业化前景的是北京钢研集团开发的全氧冶金流程。全氧冶金分离铁钒钛研发路线是：采用煤粉配矿经回转窑还原焙烧后，烧料直接热装入竖炉进行熔分，煤气返回回转窑还原，获得铁水和富钒钛渣。最终实现低成本，高收率，同时回收铁、钒、钛元素，为铸钢（铁）、氧化钒、钛白和四氯化钛提供优质原料。

该流程的优点是：

（1）将炼焦、竖炉生产含钒铁水及钛渣、耐磨铸件及热处理、钛白粉、石灰生产等有机结合起来，形成生态化的铸造产业循环经济园区；

（2）去掉气基还原竖炉下部的冷却段，与高温熔分炉合并连接成新型竖炉，竖炉上部预热升温，中部还原，底部熔化分离，排出渣铁；

（3）以焦炉煤气为还原剂和燃料，竖炉中部喷入高温焦炉煤气作为还原剂，底部喷入高温焦炉煤气和高温空气作为燃料，进行软化与熔分；

（4）球团配入少量焦粉，在竖炉高温段喷入高温焦炉煤气，煤气中甲烷裂解，在竖炉底部喷入高温焦炉煤气和高温空气，煤气燃烧和裂解，同时发生焦炭气化反应，多增加 H_2 和 CO 含量，充分保证球团在熔化前达到很高的金属化率；

（5）高温含钒铁水直接送铸造调温、调质，生产耐磨铸件，大幅度降低铸件生产成本；

（6）钛渣 TiO_2 含量超过 48%，作为生产钛白粉的原料；

（7）竖炉的炉顶煤气用于焦炉加热，置换焦炉煤气，用于生产高等级石灰，用于加热焦炉煤气和空气，用于热处理炉的加热。

其中，竖炉经改型后可以进一步发展为熔分炉，有利于煤粉与氧气充分接触燃烧，更利于预热返回回转窑。图 10-2 为 5 万吨/年全氧冶金还原熔分装置。

10.4 钒电池电解液及储能系统

钒电池，全称全钒液流电池（Vanadium Redox Flow Battery，VRB），是一种活性物质呈循环流动液态的氧化还原电池。钒电池是以溶解于一定浓度硫酸溶液中的不同价态的钒离子为正负极电极的反应活性物质。

钒电池原理如图 10-3 所示。

图 10-2 回转窑—熔分炉还原分离铁钒钛中试装置

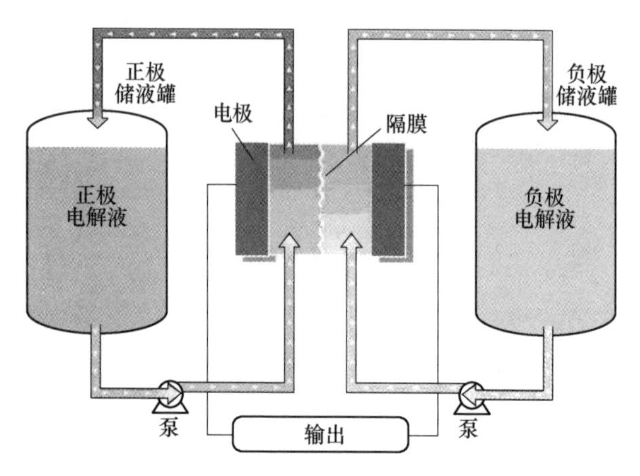

图 10-3 钒电池原理示意图

在钒电池领域，国内外开展了多年大量研究，旨在解决钒电池规模化、高容量储存与释放化学能的技术难题。采用硫酸和钒混合而成的电解液，通过两个不同类型、被一层隔膜隔开的钒离子之间交换电子而实现能源转化，在电堆构造、关键材料、系统集成和工程实施等方面，采用核心电堆设计、电解液配置、系统集成等技术实现充电和放电。最终实现高能电解液及大中型储能装置的规模化生产。

对于300MW/1800MWh的钒液流储能的离子膜、电解液、电堆、电池总成及系统集成的产能规模的生产线，年产值估计50亿元以上。

10.5 钒钛新能源电池电极材料

研发目的旨在解决利用钒钛材料制备高性能钛酸锂和磷酸铁锂电池材料的技术难题。在硫酸法现有流程中利用偏钛酸制备低成本、高性能钛酸锂电池材料，采用硫酸法钛白副产物制备低成本磷酸铁锂电极材料，研究制备高性能钒钛电极材料。最终实现向电池制造商供应优质电池电极材料的目的。

石墨烯可以解决钛酸锂电池的低能量密度问题。以膨胀石墨为原料，将石墨分散到10层以下，开发出导电浆料并加入到钛酸锂中，用复合浆料来改善大电流下的发电倍率性能和循环稳定性能。通过在负极材料中添加石墨烯，使能量密度最高可以达到120Wh/kg，充放电次数35000次，功率密度6000W/kg，可实现3分钟快速充电，可在-40~60℃正常充放电，电池拥有10年寿命。如图10-4所示。

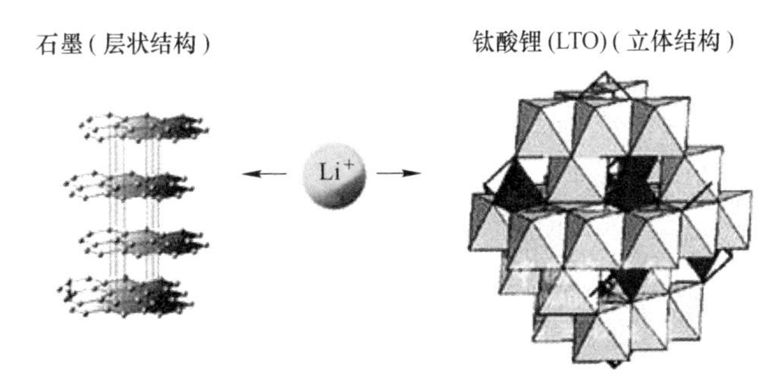

图10-4　石墨烯与钛酸锂复合示意图

对于年产1万吨磷酸铁锂材料、3万~5万吨钛酸锂材料产能规模的生产线，年产值可达100亿元以上。

10.6 钛粉末冶金及 3D 打印

3D 打印作为一项革命性新型增材制造技术，制约其技术发展的难点仍在于材料，尤其是金属基 3D 打印粉体材料，国内基本依靠进口。要突破 3D 打印技术在金属领域的应用和推广，研制符合 3D 打印技术要求的各类金属基粉末，制粉技术与成套制粉设备是核心。高压氩气雾化、同轴射流水-气联合雾化、等离子旋转电极雾化、等离子火炬雾化、无坩埚电极感应熔化气体雾化等制粉技术及装备是金属基 3D 打印粉体材料发展的关键，集制粉系统与 3D 打印系统于一身的一体化快速增材制造系统也是金属基 3D 打印产业未来发展的必然趋势。

该技术旨在解决利用海绵钛原料制备低成本高性能钛合金粉末及大规模加工技术难题。采用海绵钛或低成本钛合金粉末为原料，通过短流程、高效率、低能耗的热机械固结粉末工艺，保证零部件和型材具有接近 100% 理论密度的高致密、细小结构，使钛合金零部件和型材的性能与挤压型材的性能相当。最终实现优质、低成本球形钛粉生产，并规模化打印航空、汽车、医疗用异形部件。图 10-5 为球形钛粉及其 3D 打印产品。

对于年产 5000 吨氢化脱氢钛粉、500 ~ 1000 吨球形钛粉、2000 吨粉末加工产品产能规模的生产线，年产值估计 10 亿元以上。

10.7 含钒钛低微合金材料

钒钛磁铁矿冶炼获得的钢铁料天然含钒钛，具有低微合金化特征，体现在强度高、韧性好、耐磨、耐热、防腐等方面。

该技术旨在解决低微合金材料在铸铁（钢）过程中合金配比、凝固方式与力学性能的技术难题。采用钒钛磁铁矿非高炉冶炼技术，直接还原钒钛磁铁矿后形成铁水，天然富含钒元素，可大大强化铸

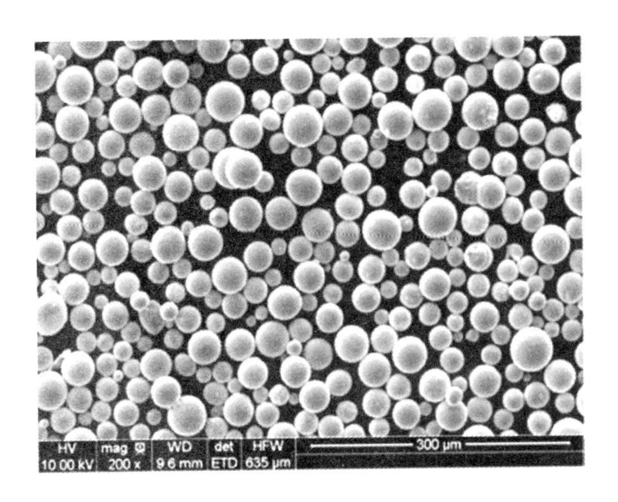

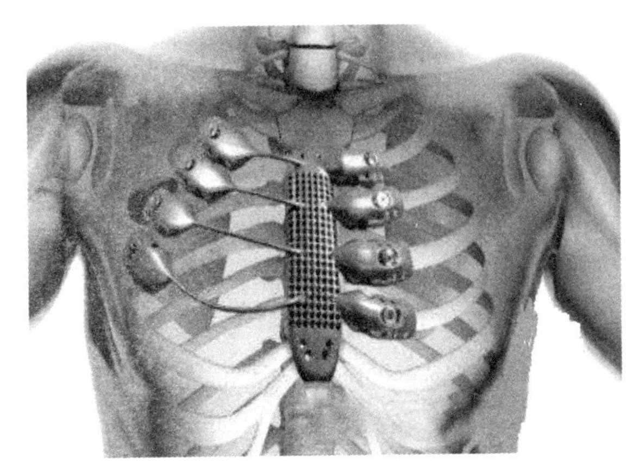

图 10-5 球形钛粉（上）及 3D 打印钛制品（下）

件机械和力学性能，极大地提高构件强度，同时降低合金添加剂成本，最终达到生产铸铁件和铸钢件，并经机加工后形成含钒特色机械制品的目的，满足不同领域对制品力学性能的要求，并较同类产品降低 300~600 元/吨原料成本。

对于年产 20 万吨低微合金铸铁（钢）件产能规模的生产线，年产值估计 15 亿元以上。

10.8 钒钛硬质合金及功能材料

硬质合金具有硬度高、耐磨、强度和韧性较好、耐热、耐腐蚀等一系列优良性能，广泛用作刀具材料，如车刀、铣刀、刨刀、钻头、镗刀等，用于切削铸铁、有色金属、塑料、化纤、石墨、玻璃、石材和普通钢材。

该技术旨在解决使用钒钛原料低成本、绿色化制备钒钛硬质合金及功能材料的新工艺技术难题。采用碳或氢高温还原钒（钛）氧化物，生成机械性能极强的碳氮化钒、碳氮化钛等，或生成具有特殊性能的低价氧化钛、氮化钒、钛黑、钛黄等功能材料。最终开辟一条采用新工艺低成本生产钒钛功能型新产品的路线。

对于年产 1 万吨硬质合金及功能材料产能规模的生产线，年产值估计 10 亿元以上。

10.9 钙化提钒清洁生产技术

“钠化焙烧”是一种目前普遍使用的，从钒渣或含钒石煤中提取五氧化二钒的方法。主要是在钒渣中加入食盐或纯碱焙烧。该方法生产五氧化二钒投资较少，生产简单。产品纯度在 97.5%~98.7%之间。此方法在生产中，有大量对环境有害的异味烟气和含盐废水排放。

“钙化焙烧法”是目前一种环保低污染的提钒方法。在生产中无有害烟气排放，废水永久循环。它是用碳酸钙加入钒矿土中，经高温焙烧后，通过酸浸法浸出，再用离子交换树脂吸附，然后除杂、精制而成。产品纯度在 97%~98.5%之间。钙化焙烧提钒的具体工艺路线是：将钙化合物作熔剂添加到含钒固废中造球、焙烧，使钒氧化成不溶于水的钒的钙盐，如 $Ca(VO_3)_2$、$Ca_3(VO_4)_4$、$Ca_2V_2O_7$，再用酸将其浸出，并控制合理的 pH 值，使之生成不同价态的 V 离子，同时净化浸出液，除去 Fe 等杂质，然后采用铵盐法沉钒，制得偏钒酸铵并煅烧得高纯 V_2O_5。此法废气中不含 HCl、Cl_2 等有害气体，焙烧后的浸出渣不含钠盐，富含钙，有利于综合利用，如可用于建材行业等，但钙化焙烧提钒工艺对焙烧物有一定的选择性。

国内目前普遍采用的钠化焙烧工艺，不但成本高而且含钠废水严重威胁环境。2015 年，国内第一条钙化焙烧提钒生产线由攀钢集团西昌钢钒有限公司建成投产。

10.10 钒钛材料基因组技术

材料基因组技术是近几年兴起的材料研究新理念和新方法，处于当今世界材料科学与工程领域的最前沿。材料基因工程借鉴人类基因组计划，探究材料结构与材料性质变化的关系。并通过调整材料的原子或配方、改变材料的堆积方式或搭配，结合不同的工艺制备，得到具有特定性能的新材料。但是材料基因组与人类基因组又有很大的区别，材料的微观结构多样化，不但成分组成可以不同，微观形貌等结构也可能千差万别，其组成—结构—性能之间的关系更加复杂。材料基因工程如图 10-6 所示。

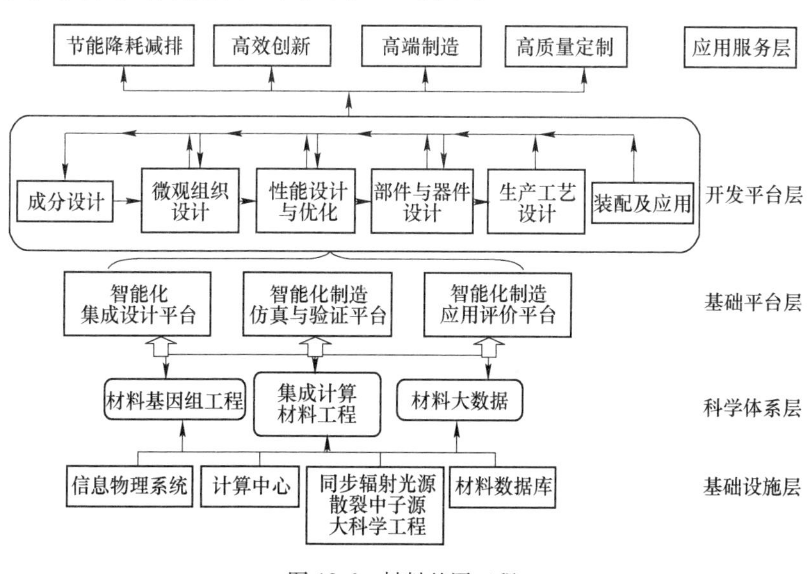

图 10-6 材料基因工程

钒钛材料基因组计划是通过“多学科融合”实现“高通量钒钛材料设计与试验”，其核心目标在于通过“高通量计算、实验和大数据分析”技术加速钒钛材料“发现—研发—生产—应用”全过程，缩短钒钛材料研发周期，降低钒钛材料研发成本，引发钒钛新材料领域的科技创新和商业模式变革。钒钛材料基因组技术包括高通量钒钛材料计算方法、高通量钒钛材料实验方法和钒钛材料数据库三大组成要素。

钒钛材料计算模拟是实现“钒钛材料按需设计”的基础，可以帮助缩小高通量钒钛材料实验范围，提供实验理论依据；高通量钒钛材料实验起着承上启下的角色，既可以为钒钛材料模拟计算提供海量的基础数据和实验验证，也可以充实钒钛材料数据库，并为钒钛材料信息学提供分析素材，同时还可以针对具体应用需求，直接快速筛选目标材料；钒钛材料数据库可以为钒钛材料计算模拟提供计算基础数据，为高通量钒钛材料实验提供实验设计的依据，同时计算和实验所得的钒钛材料数据也可以丰富钒钛材料数据库的建设。

钒钛材料基因组技术融合了材料科学、固体力学、信息科学、软件工程、先进实验方法等学科，采用数值模拟、数据库及数据挖掘、人工智能等技术研究钒钛材料的工艺过程、微观结构、性能和服役行为等，阐明成分、微结构和工艺对性能的控制机制，引导并支撑实体钒钛材料的研发和应用。

11 钛 的 应 用

11.1 金属钛的应用

钛在航空航天以及军事工业的应用

钛具有密度低、比强度高、耐热性能好、耐低温性能好、耐腐蚀性能好等诸多优点，非常适用于航空航天和军事工业。如图 11-1 所示。

金属钛是重要的航天结构材料之一，在各种航天飞行器中都获得了重要的应用。在火箭上，用 Ti-6Al-4V 做一级火箭发动机壳体和洲际导弹球形或椭圆形发动机壳体，在大力神导弹上用 Ti-6Al-4V 和 Ti-5Al-2.5Sn 做超低温的氦容器。

由于钛合金具有高比强度、较宽的工作温度范围和优异的腐蚀抗力，因而在航空及宇航工业得以广泛应用，包括发动机、飞机骨架、起落架、支撑架、机翼外皮、内部固定用铆接件等都使用钛。在军机方面，使用钛的比例远远高于民用飞机。民用飞机的钛用量也在不断增大。

军事工业中使用钛后，由于耐蚀不生锈，有利于储存，也减少了维修保养费用。Ti-6Al-4V 钛合金具有良好的防弹性能，是一种良好的装甲材料，用于坦克装甲可减少重量 25%。在轻武器上应用有：在高射机枪上用做制退器，全钛的轻质喷火器，迫击炮上制作座板、炮身、底座、支架，以及做防弹衣的薄装甲材料和制作钢盔等。

钛在海洋工程中的应用

舰船应用方面，主要应用领域包括板/框架和壳体、管式换热

图 11-1　钛合金在高温发动机和航空领域的应用

器、供水系统、蒸汽冷凝器、表面冷凝器管道系统、冷却水系统、油污处理系统、甲板排水系统、船舱底部、导航系统、栏杆、舰船推进系统、深海潜水艇的压力容器、军舰主要结构件、舰船的耐压部件等。

在海水淡化中，钛的主要应用是淡化装置的加热传热管。在海洋勘探方面，海上采油设备如采油平台、原油冷却器、升油管、泵、阀、接头、夹具等均与海水及原油中的硫化物、氨、氯等介质接触，由钛制造的设备或零部件已广泛用于海洋勘探。

钛合金在海洋化工与舰艇中的应用如图 11-2 所示。

图 11-2 钛合金在海洋化工与舰艇中的应用

钛在热能工程中的应用

海滨电站和核电站中凝汽器是重要大型设备，冷却介质是海水，以前铜质等各种材料所制凝汽器使用后，抗海水腐蚀性能差，唯有钛管抗腐蚀性能最强。

在火电和核电工业中，大型汽轮发电机组是主体设备，汽轮机低压段最末一节叶片采用钛叶片后，由于钛密度低，高速转动的离心力小，可降低转动轴的应力。

地热工业环境温度高且含有大量氧化性氯化物，这种热、氧化性氯化条件可引起不锈钢或镍基合金出现局部侵蚀，使用钛材，就可以很好地解决这类问题。

钛在化工、石油、冶金等工业中的应用

钛具有优良的耐蚀性能，它在许多介质中，包括各类酸、碱、盐、有机物、无机物、水、水溶液中，在许多状态下均有良好的稳定性。因此，钛在化工、石油、冶金等工业中的应用越来越广泛。

国内化工工业用钛量最大的行业是氯碱，其次为纯碱、塑料、有机合成、无机合成。同时，上述各行业化工设备中，换热器用钛比例最多（占用钛量约 52%），其次为电解阳极（占用钛量约 20%），再次为容器和管、泵、阀（占用钛量约 19%）和其他。由于原油中含有各种腐蚀物，生产环境恶劣，现在在石化工业许多工艺中使用了钛设备。

钛是最常用的微合金化元素，在重轨、高强度钢筋、结构等钢中加入微量的钛，能够提高钢的强度、改善钢的冷成形性能和焊接性能。

钛在汽车工业中的应用

钛在新型汽车上的应用主要在发动机元件和底盘部件。在发动机系统，钛可制作阀门、阀簧、阀簧承座和连杆。钛材还可以用于车体框架，这种框架不仅具有高的比强度、良好的韧性，而且给驾驶者足够的安全感。如果能够克服成本上的劣势，钛非常适宜作汽车的结构材料。目前公认的汽车中可用钛替代的零部件主要有：弹簧、连杆、气门、气门座、摇臂、排气管、消音器、门镜框、前挡板、后挡板、车门、门侧盖、紧固件、挂耳螺帽、车轮等。钛合金在汽车上的应用实例如图 11-3 所示。

金属钛用于汽车上所表现出的优良特性主要是高强度、低密度、优异的耐蚀性能，汽车使用钛的优点是：动力传输效果或重量减轻对燃料的节省、发动机的噪声与振动的减少及部件载荷的减轻，可提高零部件的持久性和寿命。由于钛优良的特性，在汽车上使用的范围越来越广。

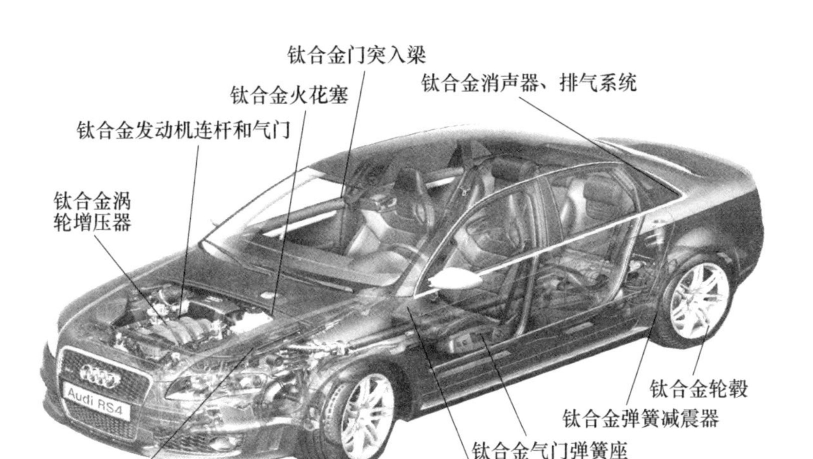

图 11-3　钛合金在汽车上的应用部位

钛在建筑工程中的应用

钛是一种新型的高档建筑材料，很受用户青睐，质轻又不用涂层，不老化，不用维修。建筑用钛有名的实例是：中国国家大剧院屋顶 30000m^2用钛 65 吨，日本福冈运动场屋顶 32000m^2用钛 80 吨，中国杭州大剧院外装 15000m^2用钛 15 吨。

钛在医学领域中的应用

钛的比强度大，与人体相容性好，是医学植入的理想材料。国内多家骨科器械生产厂家和医院合作，制成的髋关节、膝关节、肘关节、肩关节及指关节等均已用于临床。此外，钛在外科器械、牙科植入、心血管支架、导丝等方面都得到了广泛应用。钛合金用于人工关节和心脏起搏器如图 11-4 所示。

钛在计算机、体育以及日常生活中的应用

钛在计算机上的主要应用为计算机外壳和硬盘盘片。

钛自行车特别适合作竞技用车，钛已开始用于轮椅制造业。登

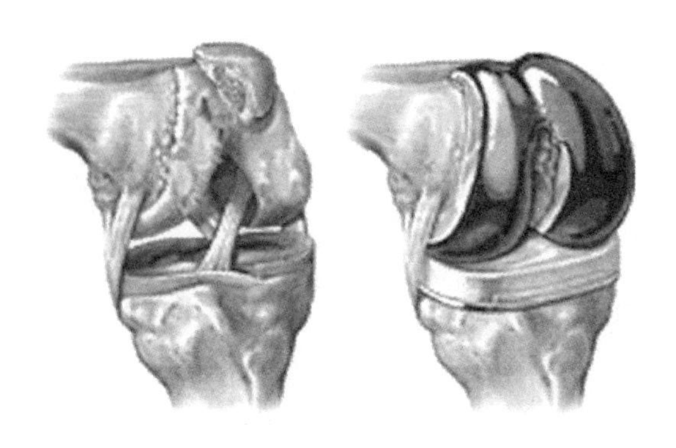

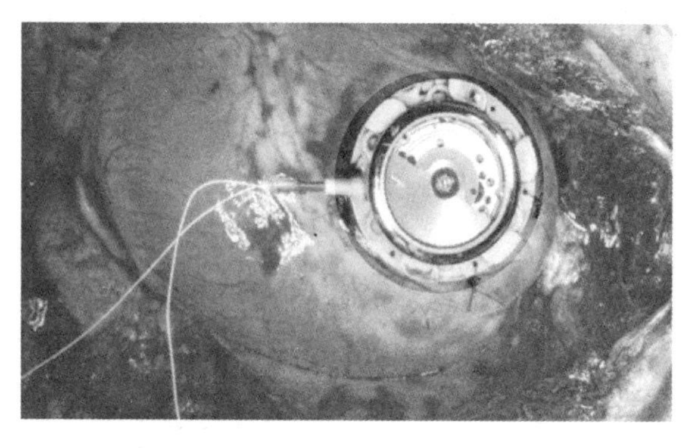

图 11-4　钛合金用于人工关节和心脏起搏器

山杖、棍、鞋底钉及其他登山工具以及与登山密不可分的滑雪用具如滑动板、滑雪操纵杆等也可以用钛制造。此外，钛也可用于网球、羽毛球球拍，高尔夫球棒、球头，台球杆、击剑面罩等。

钛用于手机主要是用作外壳。钛眼镜架质轻、强度高、耐蚀性好，又不发生皮肤过敏。近年钛表、首饰、宝剑、笔筒、钛版画、鱼竿、眼镜架、钛锅等用钛量也较可观。

11.2　钛白粉的应用

钛白粉被认为是目前世界上性能最好的一种白色颜料，广泛应用于涂料、塑料、造纸、印刷油墨、化纤、橡胶、化妆品、食品等工业。其中，涂料占 60%，塑料占 20%、造纸占 14%，其他（含化妆品、化纤、电子、陶瓷、搪瓷、焊条、合金、玻璃等领域）占 6%。钛白粉的应用示例如图 11-5 所示。

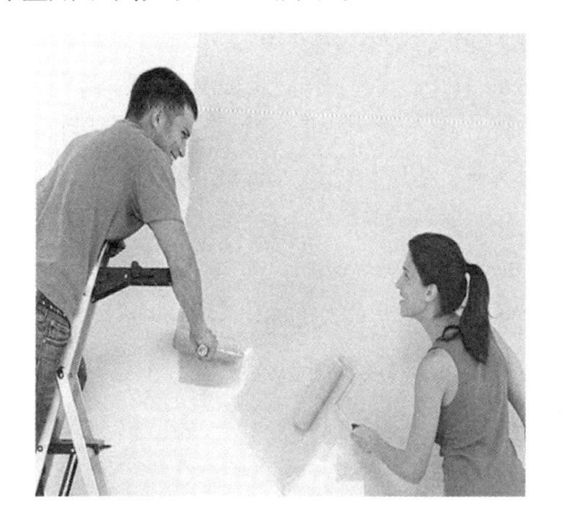

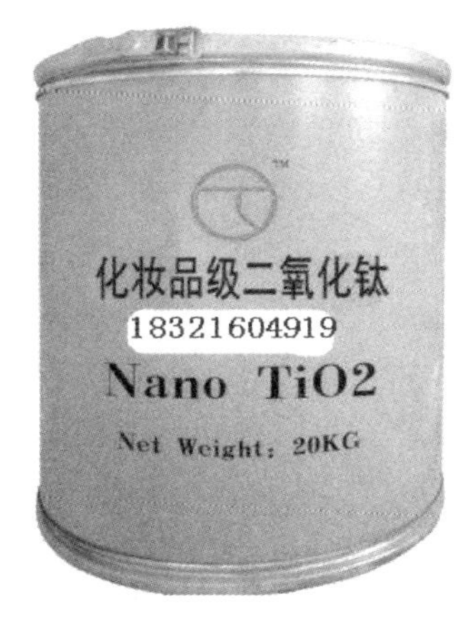

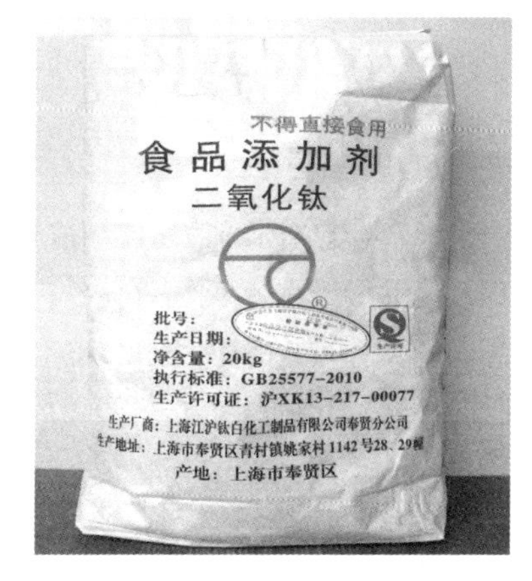

图 11-5　钛白粉在墙面涂料、化妆品与食品添加剂中的应用

涂料行业是钛白粉的最大用户，特别是金红石型钛白粉，大部分被涂料工业所消耗。用钛白粉制造的涂料，色彩鲜艳，遮盖力高，着色力强，用量省，品种多，对介质的稳定性可起到保护作用，并能增强漆膜的机械强度和附着力，防止裂纹，防止紫外线和水分透

过，延长漆膜寿命。

塑料行业是第二大用户，在塑料中加入钛白粉，可以提高塑料制品的耐热性、耐光性、耐候性，使塑料制品的物理化学性能得到改善，增强制品的机械强度，延长使用寿命。

造纸行业是钛白粉第三大用户，作为纸张填料，主要用在高级纸张和薄型纸张中。在纸张中加入钛白粉，可使纸张具有较好的白度，光泽好，强度高，薄而光滑，印刷时不穿透，质量轻。造纸用钛白粉一般使用未经表面处理的锐钛型钛白粉，可以起到荧光增白剂的作用，增加纸张的白度。但层压纸要求使用经过表面处理的金红石型钛白粉，以满足耐光、耐热的要求。

钛白粉还是高级油墨中不可缺少的白色颜料。含有钛白粉的油墨耐久不变色，表面润湿性好，易于分散。油墨行业所用的钛白粉有金红石型，也有锐钛型。

纺织和化学纤维行业是钛白粉的另一个重要应用领域。化纤用钛白粉主要作为消光剂。由于锐钛型比金红型软，一般使用锐钛型。化纤用钛白粉一般不需表面处理，但某些特殊品种为了降低二氧化钛的光化学作用，避免纤维在二氧化钛光催化的作用下降解，需进行表面处理。

搪瓷行业是钛白粉的一个重要应用领域，搪瓷级钛白粉具有纯度高、白度好、颜色鲜、粒径均匀、很强的折射率和较高消色力，具有很强的乳浊度和不透明性，使涂搪后涂层薄、光滑和耐酸性强，在搪瓷制造工艺中能与其他材料混合均匀、不结块、易于熔制等优点。

陶瓷行业也是钛白粉的重要应用领域，陶瓷级钛白粉具有纯度高、粒度均匀、折射率高，有优良的耐高温性，在1200℃高温条件下保持1小时不变灰的特性。不透明度高、涂层薄、重量轻，广泛应用于陶瓷、建筑、装饰等材料。

钛白粉在橡胶行业中既作为着色剂，又具有补强、防老化、填充作用。在白色和彩色橡胶制品中加入钛白粉，在日光照射下，耐日晒，不开裂、不变色，伸展率大及耐酸碱。橡胶用钛白粉，主要用于汽车轮胎以及胶鞋、橡胶地板、手套、运动器材等，一般以锐钛型为主。

钛白粉在化妆品中应用也日趋广泛。由于钛白粉无毒，远比铅白优越，各种香粉几乎都用钛白粉来代替铅白和锌白。香粉中只需加入5%~8%的钛白粉就可以得到永久白色，使香料更滑腻，有附着力、吸收力和遮盖力。

12 钒的应用

12.1 钒合金的应用

钒是一种重要的合金元素，主要用于钢铁工业。含钒钢具有强度高、韧性大、耐磨性好等优良特性，因而广泛应用于机械、汽车、造船、铁路、航空、桥梁、电子技术、国防工业等行业，其用量约占钒消耗量的85%，钢铁行业的用量在钒的用途中占最大比重。钢铁行业的需求直接影响到钒市场行情。大约有10%的钒用于生产航天工业所需的钛合金。钒在钛合金中可以作为稳定剂和强化剂，使钛合金具有很好的延展性和可塑性。

钢铁行业85%左右的金属钒是以钒铁和钒氮合金的形式被添加于钢铁生产中，以提高钢的强度、韧性、延展性和耐热性。含钒的高强度合金钢广泛应用于输油/气管道、建筑、桥梁、钢轨等生产建设中。含钒高强度合金钢主要有：高强度低合金（HSLA）钢（综合）；HSLA钢板；HSLA型钢；HSLA带钢；先进高强度带钢；建筑用螺纹钢筋；高碳钢线材；钢轨；工具和模具钢等。钒在钢轨和抗震螺纹钢中的应用如图12-1所示。

航天工业8%~10%的金属钒以钛铝钒合金的形式被用于飞机发动机、宇航船舱骨架、导弹、蒸汽轮机叶片、火箭发动机壳等方面。此外，钒合金还应用于磁性材料、硬质合金、超导材料及核反应堆材料等领域。

12.2 氧化钒的应用

氧化钒在化学工业中主要作为催化剂和着色剂，还被用于生产

图 12-1　钒在钢轨和抗震螺纹钢中的应用

可充电氢蓄电池或钒氧化还原蓄电池。五氧化二钒广泛用于冶金、化工等行业，主要用于冶炼钒铁。用作合金添加剂，占五氧化二钒总消耗量的 80%以上。钒氧化物在催化剂和钒电池领域中的应用如图 12-2 所示。

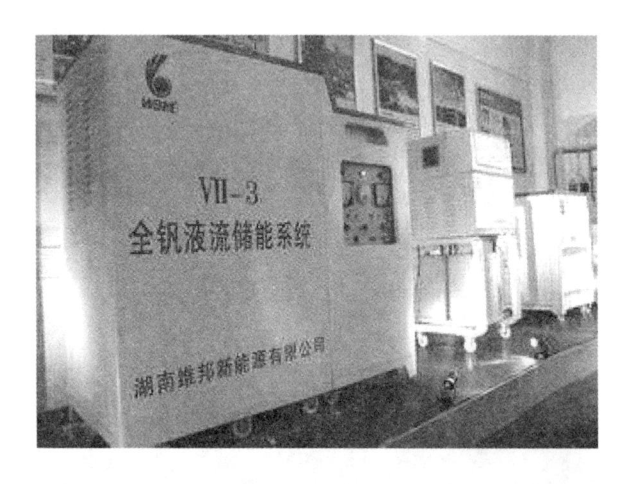

图 12-2　钒氧化物在催化剂（上）和钒电池（下）领域中的应用

在化工领域，氧化钒主要用作制造硫酸和硫化橡胶的催化剂，也用于抑制发电厂中产生氧化亚氮。其他化工钒制品则主要用于催化剂、陶瓷着色剂、显影剂、干燥剂等。

钒的盐类的颜色五光十色，有绿、红、黑、黄等。如 2 价钒盐常呈紫色，3 价钒盐呈绿色，4 价钒盐呈浅蓝色，4 价钒的碱性衍生物常是棕色或黑色，而五氧化二钒则是红色的。这些色彩缤纷的钒的化合物，被制成鲜艳的颜料，如加到玻璃中，可制成彩色玻璃，也可以用于制造各种墨水。

钒电池领域将是今后氧化钒应用的重点。钒电池电解液是将 $VOSO_4$ 直接溶解于 H_2SO_4 中制得，但由于 $VOSO_4$ 价格较高，人们开始使用其他钒化合物如 V_2O_5、NH_4VO_3 等。正极电解液由 5 价和 4 价钒离子溶液组成，5 价和 4 价钒离子在酸性溶液中分别以 VO_2^+ 离子和 VO^{2+}离子形式存在。

参考书目

朱俊士．中国钒钛磁铁矿选矿［M］．北京：冶金工业出版社，1996.
邓国珠．钛冶金［M］．北京：冶金工业出版社，2010.
杨守志．钒冶金［M］．北京：冶金工业出版社，2010.
黄道鑫，陈厚生．提钒炼钢［M］．北京：冶金工业出版社，2002.
洪及鄙．攀钢钢铁生产工艺［R］．内部资料，1993.
谢琪春．攀钢矿业生产工艺［R］．内部资料，2012.
邹建新，李亮，彭富昌，等．钒钛产品生产工艺与设备［M］．北京：化学工业出版社，2014.
李大成，周大利，刘恒．镁热法海绵钛生产［M］．北京：冶金工业出版社，2009.
攀西钒钛资源综合利用产业技术路线图［R］．内部资料，2014.
邹建新，彭富昌．钒钛物理化学［M］．北京：化学工业出版社，2016.
张喜燕，赵永庆，白晨光．钛合金及应用［M］．北京：化学工业出版社，2004.
周家琮．中国钒工业的发展［C］．国际钒技术会议报告，2001.
唐振宁．钛白粉的生产与环境治理［M］．北京：化学工业出版社，2000.
邹武装．钛手册［M］．北京：化学工业出版社，2012.
谢成木．钛及钛合金铸造［M］．北京：机械工业出版社，2005.
张翥．钛材塑性加工技术［M］．北京：冶金工业出版社，2010.
陈厚生．钒和钒合金．化工百科全书（第4卷）［M］．北京：化学工业出版社，1993.
邹建新，崔旭梅，彭富昌．钒钛化合物及热力学［M］．北京：冶金工业出版社，2018.